U0056425

八大烘焙師專業配方

含蜜糖甜點

瑞昇文化

目 次

製作前的注意點

- 奶油為無鹽奶油。
- 麵粉等粉類都要過篩。需要事先混合的東西都已經在材料表當中做好分組。
- 吉利丁必須事先用冰水泡軟。
- 鮮奶油的乳脂肪含量只有第1次出現在材料表裡的時候會註明。
- 烤箱有分平底式烤箱和對流式烤箱。需要事先預熱。烘烤溫度和時間都是參考值。
- 請依照需求，在鐵盤或模具上鋪好紙張或烘焙紙。
- 請依照需求使用防沾黏麵粉。
- 食物攪拌機的攪拌時間和轉速都是參考值。

含蜜糖是砂糖的家族成員之一。

這個名字可能不是那麼耳熟能詳，

不過若是說成黑糖、棕糖……等等

咖啡色的砂糖，相信應該就能想像得出來吧。

這個名字是依據砂糖製造法所做出的分類，

使用富含礦物質等營養素的糖蜜，

不進行結晶分蜜所做出的砂糖，就叫做「含蜜糖」。

另一方面，白色的砂糖也可以叫做「分蜜糖」，

基本上是將原料糖溶解之後只精製蔗糖而製成的砂糖，

營養素都被除去，舌頭感受到的甜味會比含蜜糖更甜、更直接。

含蜜糖的魅力在於甜味溫和，而且可以突顯素材本身的味道。

依存在奶油、鮮奶油、雞蛋、麵粉等甜點材料旁邊，

整合成具有圓潤感的味道。

礦物質含量豐富，充滿著白色砂糖所沒有的好滋味。

為了讓大家知曉含蜜糖的「美味香甜」，

本書介紹了8位人氣甜點師最自豪的甜點食譜。

透過含蜜糖頂尖製造商「大東製糖」的協助，

將各有千秋的含蜜糖——加工黑糖、紅糖、棕糖、

素焚糖、糖蜜糖、黑糖蜜的魅力完完整整地告訴大家。

本書所使用的含蜜糖

「含蜜糖」當中依然保有精製糖通常會去除的礦物質與微量成分，
所以嘗起來風味十足。本書使用的含蜜糖有「加工黑糖」「加工黑糖粉」「素焚糖」「紅糖」「棕糖」「糖蜜糖」和「黑糖蜜」。砂糖的製造方法與詳細說明請見P84。

※所有含蜜糖皆為大東製糖的產品。

加工黑糖

將甘蔗原料糖、黑糖與糖蜜依照比例混合熬煮，在攪拌冷卻的過程中自然結晶而成的砂糖。和「黑糖」是不同的兩種東西，製成後沒有產品誤差，口感更加溫和，雜味也比較少，非常適合用在甜點製作和料理上。有時會被記載成「加工黑砂糖」（黑糖與黑砂糖同義）。

【製作甜點時的印象】
呈味物質和餘韻都很強烈，味道風味十足。與葡萄乾之類的多酚滋味或利口酒都很搭。

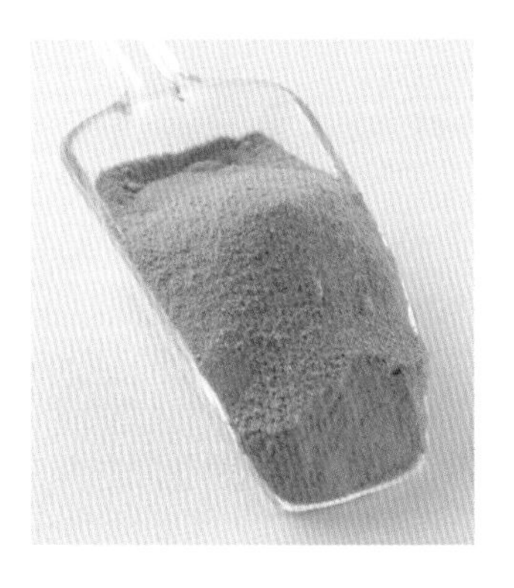

加工黑糖粉

將「加工黑糖」乾燥細磨，做成容易溶解的粉末狀。

【製作甜點時的印象】
把加工黑糖加進水分較少的麵糊或蛋白霜，難以溶解不好使用的時候，用這個就很方便。

素焚糖

只採用奄美諸島產的甘蔗原料糖，殘留豐富甘蔗風味的砂糖。特徵是甜味柔和，可以當成普通砂糖使用。顏色是淡淡的琥珀色。

【製作甜點時的印象】
由於味道十分均衡，任何地方都可以使用。與堅果、黃豆粉等材料的香濃和苦澀相當搭。

※素焚糖是大東製糖股份有限公司的註冊商標。

紅糖

將熬煮過的原料糖和糖蜜一邊攪拌冷卻，一邊製造出自然結晶，屬於舊有的製糖法。由於一般精製糖製造過程當中全被去除的礦物質等物質也一併結晶化，所以有著獨特的甜味和香濃。和黑糖、加工黑糖相比，帶有苦澀的餘味明顯降低許多。

【製作甜點時的印象】
與紅豆等材料的多酚滋味，以及乳製品的牛奶味相當搭配。日式或西式的甜點皆可使用。

棕糖

保留了甘蔗原料的風味與味道的淡琥珀色砂糖。結晶為細微粉末狀，不容易結塊，所以很容易使用。另外一般所謂的「棕糖」其實是茶色砂糖的總稱，所以市面上有各式各樣名為棕糖的產品。

【製作甜點時的印象】
在所有含蜜糖當中，棕糖的甜味相當清爽，任何地方都可以使用。

糖蜜糖

將砂糖煮焦後製成，擁有獨特苦味和帶酸的甜味的砂糖。就像焦糖布丁的焦糖一樣，香甜之中伴隨著燒焦的苦味。同時還有獨特的酸味和澀味。深褐色。

【製作甜點時的印象】
歐美地區經常用在餅乾和瑪芬上。由於顏色、味道都很強烈的關係，用途比較有限，但同時也能散發出其他糖類所沒有的香氣。

黑糖蜜

用黑糖或加工黑糖熬煮而成的糖漿。本書所使用的黑糖蜜是在加工黑糖當中加入10%沖繩黑糖熬煮而成，甜味強烈，色澤較深。Brix約76%。

【製作甜點時的印象】
可作為黑糖香氣的香精，或是取代轉化糖使用。

含蜜糖擁有豐富的礦物質

含蜜糖的特徵之一就是含有豐富的礦物質。與大家熟知的茶色砂糖三溫糖相比，就能知道它含有多麼大量的鈣、鎂以及其他多種礦物質。

※三溫糖雖然是茶色但屬於精製糖，實際上礦物質等營養素的含量並不多。

（每100g含量）	能量 (Kcal)	蛋白質 (g)	脂肪 (g)	碳水化合物 (mg)	鈉 (mg)	鉀 (mg)	鈣 (mg)	鎂 (mg)	磷 (mg)	鐵 (mg)	鋅 (mg)	銅 (mg)	錳 (mg)	鉻 (mg)	硒 (mg)	碘 (mg)
加工黑糖	365	0.6	0.1	95.6	122	464	77.6	33.8	8.2	1.73	0.15	0.07	0.33	0	0	0
素焚糖	383	0.3	0.1	97.9	77.1	212	39.8	14.8	4.7	0.48	0.06	0.02	0.15	0	0	0
紅糖	387	0.3	0.1	96.4	98.8	276	63.6	36.2	4.4	1.09	0.07	0.06	0.25	0	0	0
三溫糖	382	Tr	0	98.7	7	13	6	2	Tr	0.1	Tr	0.07	Tr	0	0	0

加工黑糖、素焚糖與紅糖為大東製糖調查數據。三溫糖數據出自2015年版日本食品標準成分表。
Tr：未滿最小記載量之微量。

味道到底差多少？

※味覺Sensor（味香戰略研究所）分析，大東製糖製表。

在此利用一眼就能看出差異的圖表來介紹含蜜糖的味道特徵。基本分為剛入口時感受到的「前味」以及之後的餘韻「後味」，再細分９個味道項目。與細砂糖的味道明顯有差異。

加工黑糖

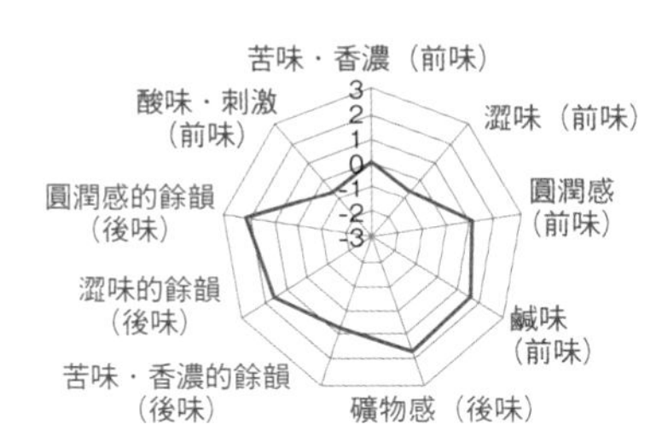

呈味物質最多，具有圓潤感和礦物感，各種物質的後味餘韻都長而厚重。滋味香濃複雜。

素焚糖

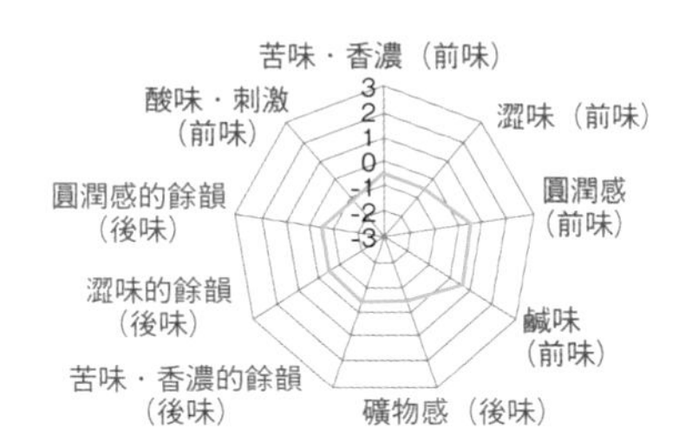

圓潤感與濃稠感稍強，後味十分清爽。前味與後味的平衡絕佳，沒有特別突出的味道，十分調和。

紅糖

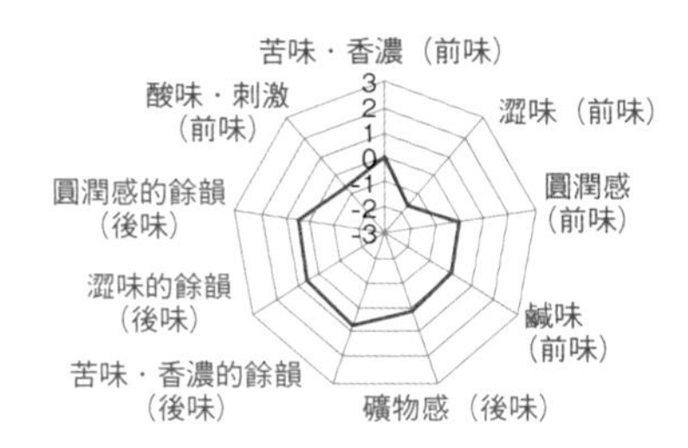

澀味少，會先感受到圓潤感和香濃滋味。餘韻也很長，但是不如加工黑糖。

細砂糖

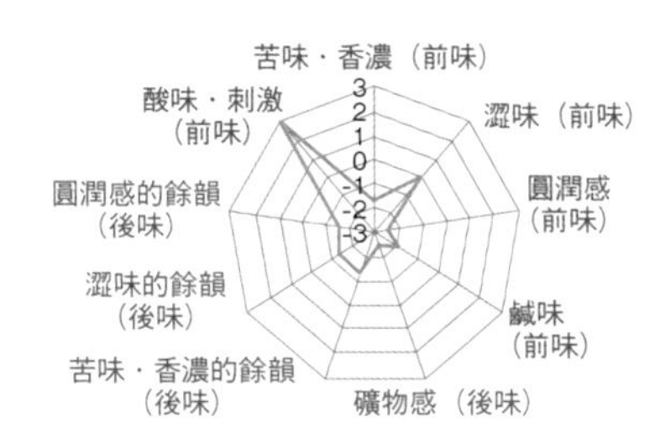

帶有酸味，甜味清爽而強烈。因為蔗糖含量高達99%，所以其他味覺要素極少。

前　味	後　味
【酸味・刺激】來自低濃度酸味的刺激感。 【苦味・香濃】 來自低濃度苦味的苦味、深度、廣度、厚重感、香濃、複雜味。在低濃度狀態下會成為香濃感、雜味或隱藏的滋味（例如豆腐、日本酒）。 【澀味】 來自多酚的澀味、複雜味。在低濃度狀態下會成為刺激味或隱藏的滋味（例如水果）。 【圓潤感】 清甜、圓潤感。來自胺基酸的高湯的味道（例如高湯、麵線沾露、肉）。 【鹹味】 鹹味、濃稠感。來自無機鹽（食鹽）的味道（例如醬油、高湯、麵線沾露）。	【礦物感】 來自鈣、鎂的礦物感。來自鈣、鎂之類無機離子的苦味（例如：礦泉水、牛奶）。 【苦味・香濃的餘韻】 來自低濃度苦味的苦味、深度、廣度、厚重感、香濃、複雜味的餘韻。一般食品當中感受到的苦味（例如：啤酒、咖啡）。 【澀味的餘韻】 來自多酚的澀味、複雜味的餘韻。兒茶素、丹寧酸等多酚所呈現的味道（例如：紅酒、茶）。 【圓潤感的餘韻】 清甜、圓潤感的餘韻。具有持續性的甜味（例如：高湯、麵線沾露、肉）。

使用含蜜糖的基本食譜

可在第一次使用含蜜糖的時候作為參考，基本的甜點食譜。

Recipe：指籏誠〔ノイン・シュプラーデン〕

不用白砂糖而用含蜜糖的理由

【營養方面】

● 是營養豐富的砂糖，推薦力度極大。

【味道方面】

● 含蜜糖的甜味具有香濃與深度。與白色砂糖相比甜味更柔和，有圓潤感。

● 含蜜糖的甜味和白色砂糖相比大約只有8成，整體十分穩定。因此，如果想做出相同程度的甜味，添加量就必須稍微增加。

● 與香蕉、熱帶水果和柑橘類等水果、蘭姆酒（原料和含蜜糖一樣都是甘蔗）、堅果類和可可（巧克力）尤其搭配。

【色澤方面】

若是搭配含蜜糖，麵糊和奶油的顏色會全面染上一層淡淡的米黃色。這樣的色調也能展現出天然感。

【調理方面】

● 加工黑糖有時會出現難以完全溶解的狀況。因為光是攪拌無法溶解，所以可以搭配具有水分的材料，加溫至體溫程度，放置一陣子之後再攪拌溶化即可。如果是餅乾用麵糊等水分較少的食譜，可使用粉末狀的加工黑糖粉。

● 含蜜糖的保水性比白色砂糖高。所以濕潤感可以維持很久，還可讓布丁等甜點中的蛋白質保持柔軟。

黑糖與加工黑糖的差異　甜點師比較推薦加工黑糖

▶ 本書主要使用的砂糖為「加工黑糖」。2013年3月修訂的「食物成分表相關Q＆A」（日本JAS標章食品標示制度的解釋通知）當中，首先明確說明了「黑糖」和「黑砂糖」兩個名稱同義。黑糖的定義為「對甘蔗的蔗汁進行中和、沉澱等步驟去除不純物質，煮沸壓縮之後，不進行分蜜加工直接冷卻製造而成的砂糖」。另一方面，一直被稱為黑砂糖的原料糖，也就是以糖蜜和黑糖為原料的砂糖則確定稱之為「加工黑糖」。其中加工二字，具有讓味道更統一、品質更安定的重大意義。黑糖是非常優秀的天然糖類沒錯，不過每年不同的天氣和甘蔗品質都會讓味道出現誤差。此外黑糖的主要產地雖然是在沖繩縣，但在製造過程中總會無可避免地包含一些夾雜物，因此製造者和業界團體基於食品安全的考量，都會呼籲使用者事先過濾或加熱。根據以上理由，為了創造出穩定的美味甜點，同時也為了避免發生食安問題，甜點師都比較推薦使用「加工黑糖」。

▶由於加工黑糖的製造過程中有使用黑糖，因此使用了加工黑糖的產品，如果成分表當中有記載，那麼商品名稱就可以使用包含黑糖二字的用語（例如黑糖餅乾等）。另外也可以註明「使用黑糖」「加入黑糖」等字樣。

素焚糖

素焚糖純生乳捲

在人氣甜品・生乳捲的蛋糕體和奶油當中加入素焚糖。帶著淡淡米黃色的溫和配色，以及只有含蜜糖才有的香醇，結合成圓潤的滋味。為了讓它的天然風味獲得發揮，最後做成沒有任何裝飾的簡單成品。

●材料　15㎝長3條

素焚糖蛋糕體

全蛋	380g
素焚糖	100g
細白糖	50g
┌低筋麵粉	140g
└玉米粉	20g
牛奶	50g
融化的奶油	15g

素焚糖鮮奶油霜

鮮奶油	400g
素焚糖	24g

素焚糖蛋糕體

1 在攪拌機調理盆（加裝打蛋頭）內放入全蛋、素焚糖和細白糖，一邊用打蛋器攪拌一邊隔水加熱或直接加熱至人體體溫。然後打發直到呈現出緞帶狀。

2 加入粉類，用矽膠刮刀攪拌（a）。

3 將牛奶和融化的奶油攪拌均勻，加入2持續攪拌（b）。

4 倒入鐵盤（53㎝×39㎝）（c）。以200度烤箱烤13～15分鐘。

素焚糖鮮奶油霜

5 將鮮奶油和素焚糖一起打發至硬性發泡。

完工

6 將4的蛋糕體烘烤面朝下，平均抹上5的鮮奶油霜，捲成蛋糕捲。切去前後兩端，再切成3等分。

a　b　c　d

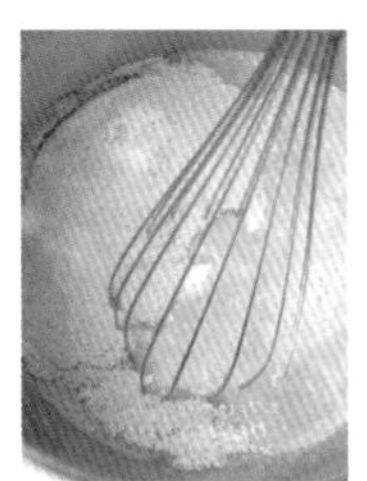

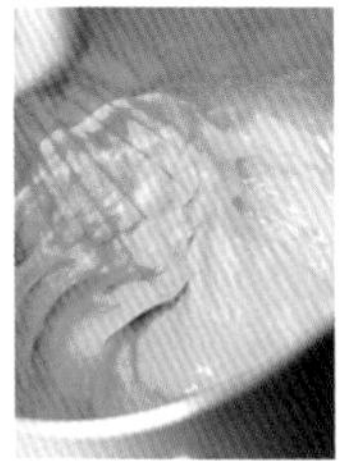

point

在生乳捲麵糊當中加入素焚糖。雖然會比細白糖稍微難溶解一點，不過隔水加熱成人體溫度之後就能溶化得乾乾淨淨。

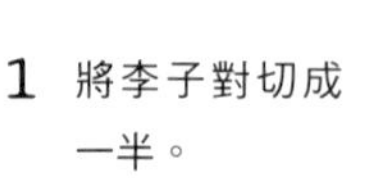

素焚糖　加工黑糖　黑糖蜜

素焚糖費南雪蛋糕

利用素焚糖和加工黑糖做出香醇濃厚的費南雪蛋糕。用黑糖蜜取代轉化糖，讓蛋糕體長時間保持濕潤綿密。

1　在調理盆內放入蛋白、素焚糖和加工黑糖，一邊用打蛋器攪拌一邊隔水加熱或直接加熱至40度左右，就這樣放置30分鐘冷卻。
2　開火加熱奶油，直到稍微出現一層焦黃色為止。將鍋底泡進水中，停止加熱。
3　將粉類加入1攪拌均匀，然後一邊過濾2的微焦奶油一邊加進去攪拌。再加入黑糖蜜和香草精。在常溫下靜置1小時。
4　往費南雪蛋糕模具倒入25g麵糊，再各自放上1小塊龍舌蘭漬李子（a）。
5　以200度烤箱烤20分鐘左右。

a

●材料　長徑7㎝×短徑4.5㎝×高2㎝的費南雪蛋糕模具25個

蛋白……145g
素焚糖……80g
加工黑糖……80g
奶油……150g
杏仁粉……80g
低筋麵粉……80g
玉米粉……10g
泡打粉……1g
黑糖蜜……20g
香草精……適量
龍舌蘭漬李子（→如右）……25小塊

point
由於加工黑糖有時會出現無法完全溶化的狀況，所以先加溫至稍微超過體溫的溫度，放置30分鐘使之吸收水分，變得比較容易溶化之後再攪拌即可。

龍舌蘭漬李子

●材料
李子…200g
龍舌蘭…50g
素焚糖…50g

1　將李子對切成一半。
2　在調理盆內放入龍舌蘭和素焚糖，開火煮滾。然後把1放進去，醃漬1天以上。

*放在密閉容器裡可以保存兩個月。醃漬用的糖漿也可以用來塗抹烘烤完成之後的磅蛋糕。

素焚糖 加工黑糖粉 加工黑糖

葡萄乾磅蛋糕

加入麵糊裡的素焚糖和黑糖風味的葡萄乾美味相互襯托，讓磅蛋糕變得加倍好吃。黑糖蘭姆酒葡萄乾的味道濃厚，即使加進麵糊裡烘烤，風味也能確實保留下來。

磅蛋糕麵糊

1 用打蛋器將奶油攪拌成軟膏狀，加進素焚糖攪拌均匀。
2 將全蛋分成多次加入並攪拌，也加入鮮奶油。
3 加入粉類，用矽膠刮刀攪拌，再加入黑糖蘭姆酒葡萄乾和蘭姆酒。
4 倒入磅蛋糕模具，以180度烤箱烤45分鐘左右。

黑糖糖衣

5 將所有材料一邊隔水加熱一邊攪拌均匀。

完工

6 將4的烘烤面朝下，加熱杏桃果醬並塗抹上去，放上葡萄乾。使用紙做的擠花袋將5擠上去。

●材料　18㎝×8㎝×高7㎝磅蛋糕模具2個

磅蛋糕麵糊

奶油……160g
素焚糖……200g
全蛋……160g
鮮奶油……16g
┌低筋麵粉……150g
└高筋麵粉……20g
黑糖蘭姆酒葡萄乾（→如左）…100g
蘭姆酒（深褐色）……10g

黑糖糖衣

糖粉……50g
加工黑糖粉……5g
蘭姆酒（深褐色）……10g

完工

杏桃果醬……適量
黑糖蘭姆酒葡萄乾（→如左）…約20顆

黑糖蘭姆酒葡萄乾

●材料

白酒…500g
加工黑糖…500g
葡萄乾…1kg
蘭姆酒（深褐色）…70g

1 在調理盆內放入白酒和加工黑糖，用打蛋器攪拌均匀，就這樣放置5分鐘。
2 葡萄乾用熱水迅速燙一下，瀝乾水氣。
3 開火加熱1，沸騰後關火，加入2的葡萄乾和蘭姆酒。
4 為了不讓香氣跑掉，需要保鮮膜緊緊包好，調理盆上也要再蓋一層保鮮膜，用竹籤刺幾個洞，以免水蒸氣囤積凝結。在常溫下醃漬1天以上。

＊放在密閉容器裡可以保存兩個月。醃漬用的糖漿也可以用來塗抹烘烤完成之後的磅蛋糕。

加工黑糖粉 加工黑糖

point

餅乾用麵糊因為水分較少，加工黑糖溶解不易，所以使用粉末狀的加工黑糖粉。

葡萄乾小圓餅

加工黑糖風味強烈的擠花餅乾。與蘭姆酒葡萄乾非常搭配。

●材料　約55片

奶油 …… 50g
（或者是奶油25g、植物油25g）
加工黑糖粉 …… 25g
糖粉 …… 25g
全蛋 …… 50g
┌ 杏仁粉 …… 50g
│ 低筋麵粉 …… 30g
└ 中筋麵粉 …… 30g
黑糖蘭姆酒葡萄乾（→P11）… 兩顆／一片

事前準備

● 將黑糖蘭姆酒葡萄乾的水氣瀝乾。

1 用打蛋器將奶油攪拌成軟膏狀，加進加工黑糖粉和糖粉，輕輕攪拌。

2 將全蛋分成兩次加入並攪拌，再加入粉類，用矽膠刮刀攪拌均勻。

3 用直徑10㎜的圓形擠花嘴，在鐵盤上擠出直徑2㎝的麵糊，並在每一團麵糊上擺放2顆黑糖蘭姆酒葡萄乾。以180度烤箱烤12分鐘左右。

加工黑糖粉

椰子脆餅

椰子逼人的香氣與加工黑糖的濃厚甜味可說是絕配。

●材料　約50個

全蛋 …… 80g
加工黑糖粉 …… 50g
糖粉 …… 50g
椰絲 …… 110g
融化的奶油 …… 50g

1 將全蛋、加工黑糖粉、糖粉和椰絲混合均勻。靜置30分鐘。

2 加入融化的奶油並攪拌，靜置10分鐘。

3 用直徑10㎜的圓形擠花嘴，在鐵盤上擠出直徑1.5㎝的麵糊。以170度烤箱烤20分鐘左右。

素焚糖　加工黑糖粉

達克瓦茲咖啡夾心

用素焚糖和容易溶解的加工黑糖粉所做成的蛋白霜麵糊，烤出達克瓦茲餅乾。咖啡口味的法式奶油霜也因為素焚糖而變得更濃密。

達克瓦茲麵糊

1 將蛋白、蛋白粉，以及少部分素焚糖放入攪拌機調理盆（加裝打蛋頭）內靜置10分鐘，再用高速打至硬性發泡。看到尖角挺立的時候，再把剩下的素焚糖全部加進去，攪拌均勻。

2 加入粉類，用矽膠刮刀攪拌。

3 用直徑14㎜的圓形擠花嘴，擠出長9㎝的麵糊56條。也可以擠成圓形，或是擠入達克瓦茲專用的餅乾切模裡。

4 用濾茶器將A篩上去，稍微溶化之後再篩一次。等到幾乎完全溶化的時候，以200度烤箱烤12～13分鐘。

咖啡口味法式奶油霜

5 在攪拌機調理盆（加裝打蛋頭）內放入全蛋、素焚糖和咖啡粉末，隔水加熱至50度左右之後再確實打發。

6 加入軟膏狀的奶油，繼續打發，再加入果仁糖糊。

完工

7 將咖啡口味法式奶油霜擠在達克瓦茲上，做成夾心餅乾。

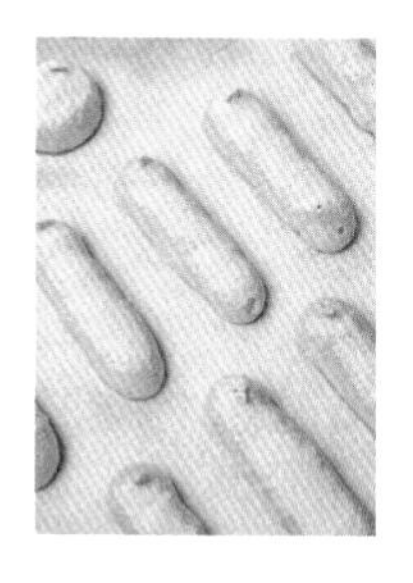

point
將烤前過篩的糖粉和加工黑糖粉混合，滋味就會更濃厚。

●材料　28個

達克瓦茲麵糊

	蛋白	120g
	蛋白粉	1g
	素焚糖	80g
	杏仁粉	80g
	低筋麵粉	10g
	加工黑糖粉	20g
	糖粉	20g
A	糖粉	70g
A	加工黑糖粉	50g

咖啡口味法式奶油霜

全蛋	60g
素焚糖	50g
咖啡粉末	10g
奶油	200g
果仁糖糊	20g

事前準備

●將A的糖粉跟加工黑糖粉裝入塑膠袋，用擀麵棍隔著袋子將顆粒擀碎，混合均勻。

黑糖蜜 加工黑糖粉

烤甜甜圈

把黑糖蜜當成香精加入麵糊，烘烤後撒上的砂糖裡也混入加工黑糖粉，使整體風味更加豐厚。

1 在調理盆內放入全蛋、細白糖和鹽，隔水加熱或直接加熱至人體體溫，然後打發至6～7分發泡。
2 加入粉類，用矽膠刮刀攪拌
3 將融化的奶油、植物油、牛奶和黑糖蜜混合之後乳化，全部加入2攪拌均勻。
4 擠進烤甜甜圈模具裡，以170度烤箱烤20分鐘左右。
5 將細白糖跟加工黑糖粉裝入塑膠袋，用擀麵棍隔著袋子將顆粒擀碎，混合均勻（a）。
6 將5裹在4上面。

●材料　直徑8.5㎝×高3㎝的烤甜甜圈模具12個

全蛋	180g
細白糖	120g
鹽	1g
低筋麵粉	150g
高筋麵粉	15g
杏仁粉	50g
融化的奶油	80g
植物油	40g
牛奶	20g
黑糖蜜	70g

細白糖5：加工黑糖粉1

a

把烤甜甜圈
改良成「日式裝飾甜甜圈」

在烤甜甜圈的中央放進3塊蕨餅，整體撒上黃豆粉，把黑糖蜜裝進滴管裡，然後插在甜甜圈上。

第1章

8間甜點專賣店的含蜜糖食譜

含蜜糖含有豐富礦物質，味道香醇濃蜜。
在此介紹8位甜點師
運用了種類多樣的含蜜糖
所做出來的私房甜點食譜。

横田秀夫 [菓子工房オークウッド]

中野慎太郎 [シンフラ]

荒木浩一郎 [スイーツワンダーランド アラキ]

西園誠一郎 [Seiichiro, NISHIZONO]

指籏 誠 [ノイン・シュプラーデン]

井上佳哉 [ピュイサンス]

菅又亮輔 [Ryoura]

菊地賢一 [レザネフォール]

店順

從基本款到全新自創的
含蜜糖小蛋糕

Recipe：菅又亮輔 [Ryoura]

● **材料　10個**

泡芙用麵糊
容易製作的分量

牛奶……150g
水……150g
奶油……150g
細白糖……9g
鹽……5g
低筋麵粉……180g
全蛋……390g
全蛋（塗抹用）……適量
榛果……適量

卡士達醬
容易製作的分量（約1550g）

蛋黃……240g
素焚糖……235g
玉米粉……23g
卡士達粉……46g
牛奶……750g
鮮奶油（乳脂肪含量47%）…250g

鮮奶油醬
容易製作的分量（約465g）

鮮奶油……400g
紅糖……65g

輕卡士達醬

卡士達醬……240g
（→如上）
鮮奶油醬……60g
（→如上）
黑糖蜜……6g

黑糖蜜鮮奶油醬

鮮奶油醬……210g
（→如上）
黑糖蜜……42g

完工

牛軋糖……適量
糖粉……適量

泡芙用麵糊

1　將牛奶、水、奶油、細白糖和鹽混合煮沸，關火後加入低筋麵粉攪拌。再次開中火，邊攪拌邊熬煮直到鍋底出現一層薄膜。

2　移至攪拌機調理盆（加裝打蛋頭）內，將全蛋分成多次加入，攪拌均勻。

3　裝進擠花嘴為直徑12㎜圓形的擠花袋裡，在鐵盤上擠出直徑5㎝的麵糊。塗抹全蛋液，敲碎榛果撒上去。

4　以180度烤箱烤30分鐘左右。

卡士達醬

5　將蛋黃和素焚糖壓碎混合（a），玉米粉和卡士達粉也一併加進去。

6　將牛奶和鮮奶油混合煮沸後加入**5**。過濾後倒回鍋子裡，開火。用打蛋器一邊攪拌一邊熬煮直到中央沸騰，然後立刻讓鍋底泡在冰水裡，一邊攪拌一邊急速冷卻（b）。

鮮奶油醬

7　將鮮奶油和紅糖混合打發。

輕卡士達醬

8　將卡士達醬和鮮奶油醬混合，再加入黑糖蜜攪拌均勻（c）。

黑糖蜜鮮奶油醬

9　在鮮奶油醬當中加入黑糖蜜，攪拌均勻。

完工

10　將**4**的泡芙上半1/3切下來。

11　用圓形擠花嘴，把30g輕卡士達醬擠進泡芙下半部裡，再加入切碎的牛軋糖。然後用星形擠花嘴，在上面擠出25g黑糖蜜鮮奶油醬（d），把上半部的泡芙放上去，撒上糖粉。

a

b

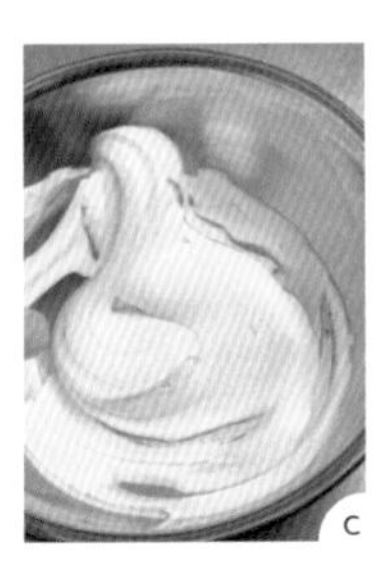
c

d

素焚糖 紅糖 黑糖蜜

黑糖蜜泡芙

用素焚糖製作卡士達醬，再用紅糖製作鮮奶油醬，然後將兩者混合成為輕卡士達醬，擠進泡芙裡。素焚糖卡士達醬和紅糖鮮奶油醬的甜味都十分圓潤，通用性也很高，可以用在各種不同的甜點上。最後則是擠上黑糖蜜鮮奶油醬，讓黑糖蜜的風味成為最大的亮點。

Recipe：菊地賢一［レザネフォール］

加工黑糖　黑糖蜜

黑糖蜜香氣的閃電泡芙

在泡芙外皮，以及其中的黑糖奶油當中都加入加工黑糖，使味覺層次大增。最後加進黑糖奶油的黑糖蜜取代了香精，形成美妙的風味。

●材料　30個

牛奶	110g
水	110g
奶油	100g
加工黑糖	20g
鹽	5g
低筋麵粉	120g
全蛋 基本量	190g

黑糖奶油

蛋黃	72g
加工黑糖	120g
卡士達粉	30g
牛奶	240g
鮮奶油（乳脂肪量38%）	180g
香草籽	少量
奶油	70g
香草油	6g
A 鮮奶油	100g
A 加工黑糖	15g
A 黑糖蜜	少量

完工

細白糖	100g
水飴	30g
珍珠粉（金）	

泡芙用麵糊

1 在鍋內放入牛奶、水、加工黑糖和鹽，開火，一邊攪拌一邊煮滾溶化。

2 沸騰之後關火，一次加入所有低筋麵粉，迅速攪拌。再次開火，持續攪拌直到鍋底出現一層薄膜。

3 立刻移到攪拌機調理盆（加裝打蛋頭）內，把全蛋分成3次加入並攪拌。蛋的分量須根據麵糊的狀態進行調整。當舉起麵糊時會出現三角形的下垂尖角，硬度便足夠了。

4 裝進擠花嘴為直徑10㎜圓形的擠花袋裡，在鐵盤上擠出10㎝長的麵糊。用叉子在表面輕輕劃下長條痕跡。

5 以上火、下火皆為180度的烤箱烤20分鐘，將上火調整成190度之後再烤5分鐘。

黑糖奶油

6 把蛋黃、加工黑糖和卡士達粉壓碎混合。

7 在鍋內放入牛奶、鮮奶油和香草籽煮沸。加進6裡攪拌均勻，過濾後倒回鍋子，再次開火熬煮直到完全沒有結塊，做成卡士達醬。完成後關火，加入奶油和香草油攪拌。用保鮮膜貼著蓋好然後急速冷卻。

8 將A的鮮奶油和加工黑糖打發，加入黑糖蜜。

9 把7和8攪拌混合。

完工

10 在5的表面劃幾道刀痕，把9的黑糖奶油擠進去。

11 把細白糖和水飴加熱至160度，做成焦糖。

12 把11的焦糖塗在10的上面，再把那一面朝下放在矽膠墊上面，等待凝固。最後撒上珍珠粉。

棕糖　黑糖蜜　素焚糖

法式芝麻奶凍與黑糖蜜果凍

芝麻和含蜜糖相當搭配，能夠讓彼此的味道變得更有深度。在白芝麻醬製成的法式芝麻奶凍裡加入棕糖，最後一步驟倒入的果凍則是使用黑糖蜜和素焚糖。

法式芝麻奶凍

1. 將牛奶、鮮奶油和棕糖混合後煮沸（a）。
2. 在白芝麻醬裡加入1杓左右的1，慢慢使之乳化，然後加進1攪拌均勻。
3. 加入吉利丁溶化過濾。
4. 倒進杯子裡冷卻凝固。

黑糖蜜果凍

1. 在鍋內放入黑糖蜜和水，用打蛋器攪拌之後開火熬煮（b）。
2. 事先混合素焚糖和膠凝劑，等5升到83度以上就加進去溶化（c）。泡進冰水裡冷卻。

完工

3. 把糖煮連皮栗子和粉圓放上4，倒進6的黑糖蜜果凍，淋上黑糖蜜。最後放上金箔裝飾。

●材料　容量160mℓ的杯子8個

法式芝麻奶凍

牛奶	500g
鮮奶油（乳脂肪含量38%）	180g
棕糖	90g
白芝麻醬	120g
吉利丁片	8g

黑糖蜜果凍

黑糖蜜	100g
水	250g
素焚糖	30g
膠凝劑（イナアガーL）	4g

完工

糖煮連皮栗子	1杯1個
粉圓	5g
黑糖蜜	適量
金箔	

事前準備

●將粉圓煮好。

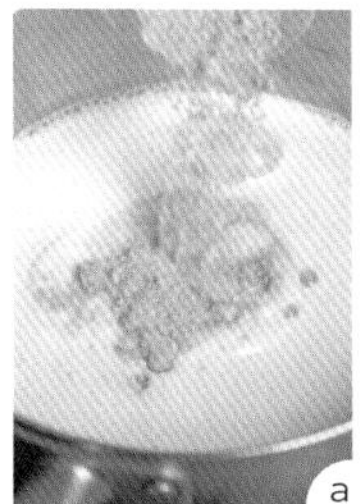
a

b

c

●材料　13個

咖啡鮮奶油霜
容易製作的分量

鮮奶油A（乳脂肪含量35%）…… 110g
水飴 …… 24g
咖啡豆（需研磨）…… 6g
吉利丁片 …… 1.2g
白巧克力 …… 165g
鮮奶油B …… 260g

餅乾
60㎝×40㎝鐵盤1個

全蛋 …… 383g
蛋黃 …… 42g
加工黑糖 …… 180g
棕糖 …… 60g
低筋麵粉 …… 192g
黑糖蜜 …… 21g
融化的奶油 …… 64g

法式奶油霜
容易製作的分量（約690g）

蛋黃 …… 59g
紅糖 …… 75g
牛奶 …… 75g
奶油 …… 313g

義式奶油霜

蛋白 …… 85g
細白糖A …… 15g
細白糖B …… 105g
水 …… 30g

慕斯醬

法式奶油霜（如上）…… 345g
卡士達醬（→P16）…… 328g
黑糖蜜 …… 8g

糖漿

比重30的糖漿 …… 90g
黑糖蜜 …… 8g
水 …… 8g
蘭姆酒（深褐色）…… 2g

完工

餅乾 …… 適量
（將麵糊的邊緣磨碎並乾燥）
裝飾用巧克力

咖啡鮮奶油霜

1　將鮮奶油A、水飴和咖啡豆混合並煮沸。加入吉利丁溶解，再加入隔水加熱融化的白巧克力，攪拌均勻。
2　加入鮮奶B攪拌。放進冷藏庫靜置1天。

餅乾

3　把全蛋、蛋黃、加工黑糖和棕糖混合均勻，加溫至40度左右（a）。過濾後倒進攪拌機調理盆（加裝打蛋頭）內，打發至呈現緞帶狀。
4　移至普通調理盆，分次少量加入低筋麵粉，用矽膠刮刀攪拌，然後依序加入黑糖蜜和融化的奶油。
5　倒進60㎝×40㎝的鐵盤，撫平表面。以185度烤箱烤10～12分鐘。出爐後切成37㎝×12㎝兩片。

法式奶油霜

6　將蛋黃和紅糖壓碎攪拌，加入煮沸的牛奶。倒回鍋內，做成安格斯醬。
7　過濾後移至攪拌機調理盆（加裝打蛋頭）內，用高速攪拌之後冷卻。等溫度升到40度左右時，分次少量加入已經恢復室溫的柔軟奶油並攪拌。移至普通調理盆。
8　將蛋白和細白糖A打發。把細白糖B和水加熱至186度，再把煮好的糖漿分次少量加進去，持續打發直到降溫，完成義式蛋白霜。
9　把8分成兩次加入7並攪拌均勻。

慕斯醬

10　在攪拌機調理盆（加裝打蛋頭）內放入法式奶油霜、卡士達醬和黑糖蜜，以中速攪拌打發（c）。

糖漿

11　將材料混合。

組合

12　在5的餅乾底面輕拍塗抹糖漿50g。擠出10的慕斯醬440g並撫平。
13　讓另1片餅乾的底面朝上疊上去，輕拍塗抹糖漿50g。
14　再擠出慕斯醬230g並撫平。用急速冷凍機冷卻硬化。切成10.5㎝×2.8㎝小塊。
15　將2的咖啡鮮奶油霜打發，用星形擠花嘴擠在14上。
16　放上裝飾巧克力，撒上餅乾粉。

a

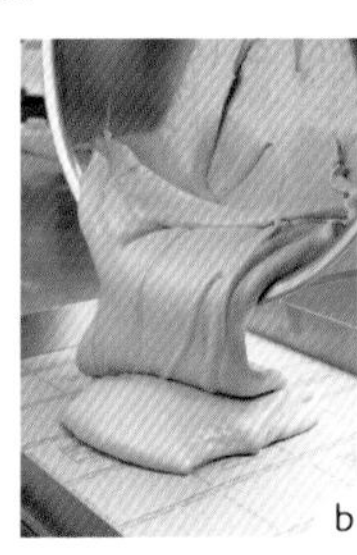
b

c

加工黑糖 棕糖 黑糖蜜 紅糖

摩卡

這道甜點充分展現了咖啡與含蜜糖合作無間的優點。洋溢著黑糖蜜風味的慕斯醬，味道非常溫和。由於法式奶油霜和卡士達醬都使用了紅糖和素焚糖，搭配著奶油，完成不帶任何尖銳感的圓潤美味。

素焚糖

素焚糖加日本栗子的閃電泡芙

使用素焚糖製作巧克力奶油、卡士達醬和鮮奶油醬，加上味道非常搭的日本栗子，做成閃電泡芙。

●材料　16個

泡芙用麵糊

牛奶……75g
水……75g
奶油……90g
細白糖……3g
鹽……3g
低筋麵粉……90g
全蛋……120g

巧克力奶油

蛋黃……60g
素焚糖……35g
鮮奶油（乳脂肪含量42%）…187g
牛奶……187g
吉利丁片……3.5g
金色巧克力……200g
（可可含量35%）
蘭姆酒（深褐色）……7g

素焚糖卡士達醬

蛋黃……3個
素焚糖……62g
低筋麵粉……11g
卡士達粉……11g
脫脂奶粉……7g
牛奶……200g
鮮奶油……50g

素焚糖鮮奶油醬

鮮奶油……150g
素焚糖……15g

巧克力薄層餅

牛奶巧克力……16g
奶油……7g
榛果果仁糖……88g
巧克力薄層餅……36g

素焚糖烤布蕾

蛋黃……3個
素焚糖……40g
鮮奶油A……125g
香草豆莢……1/4根
鮮奶油B……125g
吉利丁片……3.5g

日本栗子奶油

日本栗子醬……400g
牛奶……80g

完工

糖煮連皮日本栗……16個

泡芙用麵糊

1 將牛奶、水、奶油、細白糖和鹽放入鍋內開小火，等奶油融化後轉大火完全煮沸。關火，加入低筋麵粉迅速攪拌。變成一整團之後再次開中火熬煮，直到鍋底出現一層薄膜。

2 移至調理盆，將全蛋分成少量多次加入，攪拌均勻。

3 裝進擠花嘴為直徑16㎜、切口17星形的擠花袋裡，在鐵盤上擠出長11.5㎝的麵糊。噴霧水，以200度烤箱烤40～50分鐘。

巧克力奶油

4 將蛋黃與素焚糖壓碎混合，再把煮沸的鮮奶油和牛奶加進去。移回鍋內，煮成安格列斯醬。加入吉利丁溶解，過濾。

5 隔水加熱金色巧克力融化，把4加進去攪拌均勻。再加入蘭姆酒。冷卻凝固（a）。

素焚糖卡士達醬

6 將蛋黃和素焚糖壓碎混合，再加入低筋麵粉、卡士達粉和脫脂奶粉。將煮沸的牛奶和鮮奶油加進去，過濾後倒回鍋子裡，熬煮成卡士達醬。平鋪在淺方盤之類的容器裡，用保鮮膜貼著蓋好，放進冷凍急速冷卻（b）。

素焚糖鮮奶油醬

7 將鮮奶油和素焚糖打發。

巧克力薄層餅

8 將牛奶巧克力和奶油混合並隔水加熱融化，依序加入榛果果仁糖和巧可栗薄層餅，攪拌均勻。

9 平鋪成厚度8㎜、寬度8㎝長條狀，冷卻凝固。切成1㎝寬。

素焚糖烤布蕾

10 將蛋黃和素焚糖壓碎混合，加入煮沸的鮮奶油A和香草豆莢。過濾後倒回鍋子裡，煮成安格列斯醬。冷卻，加進鮮奶油B。

11 倒進淺方盤，以150度烤箱隔水加熱50～60分鐘。放進冷藏庫冷卻。

12 在11的表面撒上素焚糖（未列入材料清單），用瓦斯噴槍使之焦糖化。

13 把12放進食物調理機，打成膏狀。

14 移至鍋內開火加熱，加入吉利丁溶解。

15 倒2㎝進淺方盤，放進冷凍庫裡結凍。切成邊長2㎝的骰子狀（c）。

日本栗子奶油

16 用牛奶稀釋日本栗子醬。

完工

17 將3的閃電泡芙上半部切下1㎝。從每1片上半部壓裁出3片直徑2.5㎝的圓形泡芙片。連同下半部一起放進190度烤箱烤4分鐘，直到變得酥酥脆脆。

18 在下半部放入9的巧克力薄層餅，再填入16的日本栗子奶油並沿著泡芙邊緣壓平（d）。5的巧克力奶油用星形擠花嘴，6的素焚糖卡士達醬和7的素焚糖鮮奶油醬用圓形擠花嘴，各自擠在泡芙上（e）。

19 把切成4等分的糖煮連皮日本栗薄片，以及15的素焚糖烤布蕾各放2個上去，再在17的圓形泡芙片上灑上糖粉（未列入材料清單），3片都放上去。

a

b

c

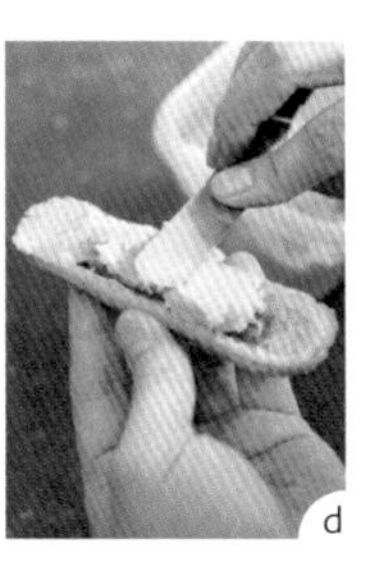
d

e

●**材料　88個**
（56㎝×36㎝的慕斯框1個）

熱內亞巧克力蛋糕
60㎝×40㎝鐵盤3個

全蛋……990g
加工黑糖……750g
杏仁粉……420g
奶油……312g
黑巧克力……84g
（可可含量80%）
┌低筋麵粉……306g
│可可粉……72g
└泡打粉……14g

鹽味焦糖
巧克力醬

素焚糖……325g
水……312g
鮮奶油（乳脂肪韓兩35%）…624g
牛奶……312g
鹽（葢朗德產鹽之花）……21g
寒天（Le Kanten Ultra）……12g
加糖冷凍蛋黃……207g
加工黑糖……66g
黑巧克力……744g
（可可含量70%）

黑色焦糖糖漿

水……450g
乾燥香草豆莢……4根
（將用過1次的豆莢洗過烘乾）
素焚糖……357g
加工黑糖……200g
干邑白蘭地……162g

完工

裝飾用巧克力、金箔

熱內亞巧克力蛋糕

1 在攪拌機調理盆（加裝打蛋頭）內放入全蛋、加工黑糖和杏仁粉，加溫至40度後打發。
2 混合奶油和巧克力，隔水加熱融化。
3 將粉類和2依序加入1，用矽膠刮刀攪拌均勻。
4 倒進3個60㎝×40㎝的鐵盤，以190度烤箱烤10分鐘左右。
5 用56㎝×36㎝的慕斯框裁下外側四邊。

鹽味焦糖巧克力醬

6 在稍大的鍋子內放入素焚糖，加溫至165度煮焦，加水稀釋。
7 加入鮮奶油、牛奶、鹽和寒天，煮沸。
8 將加糖冷凍蛋黃和加工黑糖磨碎混合，加進7攪拌均勻。倒回鍋內開火，煮成安格列斯醬。
9 將8一邊過濾一邊加到切碎的巧克力裡，用攪拌棒攪拌均勻。

黑色焦糖糖漿

10 將水和乾燥香草豆莢混合煮沸。
11 將素焚糖加熱至175度煮焦，把10加進去，加工黑糖也加進去。
12 等溫度降到40度的時候再加進干邑白蘭地。

完工

13 在5的3片熱內亞巧克力蛋糕的烘烤面上，各自輕拍塗抹上1/5的12的糖漿。
14 把其中1片13的烘烤面朝上，放進慕斯框裡。
15 倒進800g的9鹽味焦糖巧克力醬，撫平表面。
16 將1片13的烘烤面朝下，疊上去，另一面同樣輕拍塗抹糖漿。
17 重複步驟15、16。
18 將剩下的巧克力醬倒進去，用奶油刮刀一邊劃出斜紋一邊整平表面。放進冷藏庫靜置1天。
19 切成9㎝×2.5㎝小塊。放上巧克力和金箔裝飾。

加工黑糖　素焚糖

縞瑪瑙蛋糕

以黑糖的顏色和味道為形象，仿造漆黑的天然石縞瑪瑙所完成的小蛋糕。將素焚糖確實焦糖化後製成的焦糖巧克力奶油，搭配多層巧克力口味的熱內亞蛋糕。原本是當成餐廳父親節的晚餐甜點，後來變成了固定製作的小蛋糕。除了咖啡之外，與紅酒、威士忌和白蘭地都非常搭，滋味粗獷且餘韻綿長。

●材料　直徑6.5㎝×高3㎝的矽膠圓石模具54個

馬可波羅巧克力慕斯

鮮奶油（乳脂肪含量42%）… 350g
牛奶 …… 100g
紅茶（馬可波羅）…… 25g
蛋黃 …… 300g
加工黑糖 …… 50g
黑巧克力 …… 100g
（可可含量66%）
牛奶巧克力 …… 500g
鮮奶油 …… 1300g

櫻桃香草慕斯

蛋黃 …… 65g
紅糖 …… 60g
牛奶 …… 150g
鮮奶油 …… 50g
香草豆莢 …… 1/2根
吉利丁片 …… 6g
地中海櫻桃醃漬糖漿 …… 20g
鮮奶油 …… 250g
地中海櫻桃 …… 162個

素焚糖奶酥

奶油 …… 105g
素焚糖 …… 85g
細白糖 …… 80g
杏仁粉 …… 135g
低筋麵粉 …… 165g

鏡面巧克力

鮮奶油 …… 270g
可可粉 …… 150g
黑糖蜜 …… 165g
細白糖 …… 225g
水 …… 165g
吉利丁片 …… 14g

完工

覆盆子 …… 1個2顆
黑糖蜜 …… 適量
食用花（繁星花）、金箔

馬可波羅巧克力慕斯

1　將鮮奶油和牛奶煮沸，加入紅茶，蓋上蓋子放置20分鐘。
2　將蛋黃和加工黑糖壓碎混合，過濾**1**加進去，倒回鍋子，煮成安格列斯醬。
3　在打碎的黑巧克力和白巧克力裡加進過濾好的**2**，攪拌。稍微放置冷卻。
4　將鮮奶油打發至6分發泡，和**3**混合。

櫻桃香草慕斯

5　將蛋黃和紅糖磨碎混合，把混合煮沸的牛奶、鮮奶油和香草豆莢加進去。倒回鍋內，煮成安格列斯醬。
6　加進吉利丁片溶解，也加進地中海櫻桃的醃漬糖漿。過濾後放置冷卻。
7　將鮮奶油打發至7分發泡，和**6**混合。
8　在直徑4㎝×高2㎝的矽膠模具裡各放進3顆地中海櫻桃，把**7**倒進去，放進冷凍庫結凍（a）。

素焚糖奶酥

9　將材料混合攪拌直到變成一整團。擀成1㎝厚，再切成1.5㎝骰子狀。
10　排列在鐵盤上，以170度烤箱烤15～20分鐘。

鏡面巧克力

11　將吉利丁片以外的材料熬煮成Brix63%（b.c）。
12　加入吉利丁片溶解，過濾。放置冷卻（d）。

完工

13　把**8**的櫻桃香草慕斯填入直徑6.5㎝×高3㎝的矽膠圓石模具裡，再倒入**4**的馬可波羅巧克力慕斯，冷卻凝固。
14　加熱**12**的鏡面巧克力，淋在**13**上。
15　打碎**10**的素焚糖奶酥放上去，再放上直向對切的覆盆子2個、食用花和金箔裝飾。把黑糖蜜裝進滴管（f）插在旁邊。

a

b

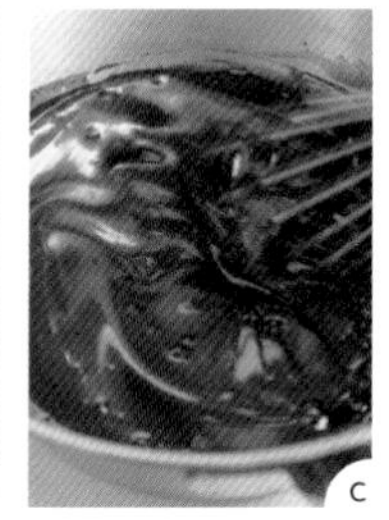
c

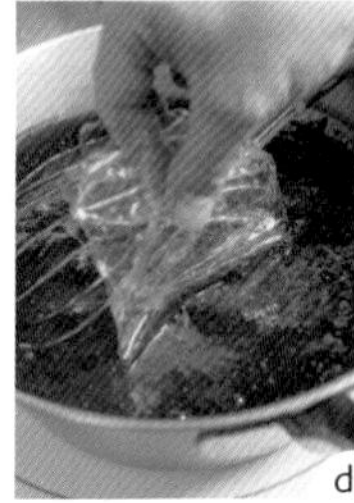
d

e

f

加工黑糖　紅糖　素焚糖　黑糖蜜

漆～黑森林蛋糕

帶著香甜紅茶香氣的巧克力慕斯裡，包裹著櫻桃巧克力慕斯。鏡面巧克力彷彿漆器似的深黑亮澤，則是由黑糖蜜一手釀造而成。若是把滴管裡的黑糖蜜再淋上去，更能把美味直接傳達出去。

● 材料　40杯

巧克力餅乾

60㎝×40㎝鐵板1個

蛋黃……180g
牛奶……150g
加工黑糖……70g
蜂蜜……20g
鹽……1g
芥菜籽油……200g
[蛋白……400g
加工黑糖……150g]
[低筋麵粉……200g
可可粉……25g]

焦糖奶油

細白糖……200g
牛奶……400g
蛋黃……150g
吉利丁片……18g
鮮奶油（乳脂肪含量35%）…400g

咖啡奶油

牛奶……400g
咖啡豆……10g
蛋黃……140g
加工黑糖……85g
吉利丁片……10g
鮮奶油……350g

黑糖蛋白霜

蛋白……200g
細白糖……400g
水……100g
黑糖蜜……100g

完工

焦糖醬……1杯3g
（加熱150g細白糖製成焦糖，加入300g鮮奶油稀釋）
黑糖蜜……1杯3g
焦糖杏仁……適量
（8等分切塊的焦糖杏仁）
即溶咖啡粉……適量
裝飾用巧克力

事前準備

●將咖啡豆磨成細粉，加進咖啡醬用的牛奶裡，在冷藏庫放置一晚進行抽出。

巧克力餅乾

1 將蛋黃、牛奶、加工黑糖、蜂蜜、鹽和芥菜籽油混合，調整至40度。
2 將蛋白和加工黑糖打發，做成結實的蛋白霜。
3 將1/3的2加進1攪拌均勻，然後依序加入粉類和剩下的蛋白霜，加以攪拌。
4 倒進鐵盤。以180度烤箱烤20分鐘左右（a）。
5 配合杯子的大小切成圓型。

焦糖奶油

6 將細白糖加熱煮焦，加入沸騰的牛奶，做成焦糖醬。
7 加進打散的蛋黃，加熱至82度。
8 加進吉利丁片溶解，冷卻至35度。
9 將鮮奶油打發至7分發泡，加進8裡攪拌均勻。

咖啡奶油

10 將抽出一個晚上的咖啡過濾，加入牛奶（未列入材料清單）調整成400g，加熱。
11 將蛋黃和加工黑糖壓碎混合，把10加進去攪拌。倒回鍋中，加熱至82度。
12 過濾，加入吉利丁片溶解，冷卻至35度。
13 將鮮奶油打發至7分發泡，加進12裡攪拌均勻。

黑糖蛋白霜

14 在攪拌機調理盆（加裝打蛋頭）內放入蛋白，開始打發。
15 將細白糖和水加熱至120度。
16 確實打發14之後把15倒進去，持續打發直到溫度冷卻。
17 加進黑糖蜜，用矽膠刮刀攪拌均勻（b）。

完工

18 在杯子底部放入焦糖醬3g和黑糖蜜3g（c）。
19 把13的咖啡奶油裝滿杯子的一半，撒上焦糖杏仁。
20 放上5的巧克力餅乾，把9的焦糖奶油裝到杯緣下1㎜。撒上即溶咖啡粉。
21 把17的黑糖蛋白霜當成奶泡擠上去，用瓦斯噴槍烘烤表面（d）。等冷卻之後再放上裝飾用巧克力。

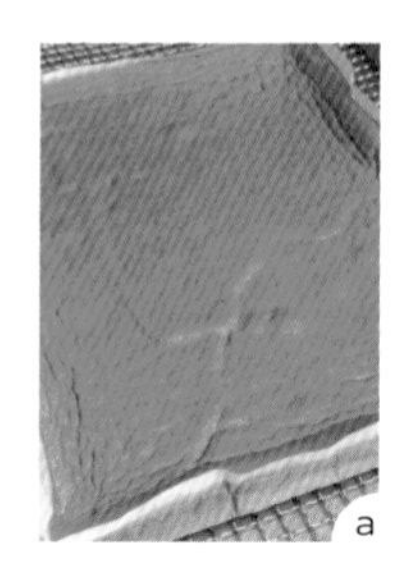
a

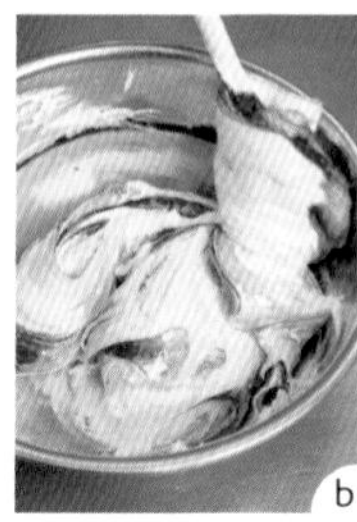
b

c

d

加工黑糖 黑糖蜜

濃醇焦糖瑪奇朵

黑糖與咖啡的組合可說是無人能敵。在此選擇焦糖瑪奇朵這道甜點，來盡情發揮黑糖濃醇深厚的味道。隨著奶油與蛋白霜入口即融的口感，黑糖的濃醇與香氣也擴散開來。故意不讓巧克力餅乾的蛋白霜裡的加工黑糖融化，留下口感，就是這道甜點的重點所在。

加工黑糖 棕糖
素焚糖 紅糖

柳橙薩瓦蘭蛋糕

讓巴巴蛋糕充分吸收由蘭姆酒搭配加工黑糖製成，餘韻綿長的糖漿。與味道十分契合的柳橙互相搭配。

●材料　32杯

巴巴蛋糕用麵團

高筋麵粉 …… 500g
細白糖 …… 35g
乾酵母 …… 24g
鹽 …… 10g
全蛋 …… 250g
水 …… 240g
奶油 …… 125g

糖漿

水 …… 1170g
加工黑糖 …… 425g
棕糖 …… 165g
蘭姆酒（深褐色） …… 235g

完工

柳橙果肉 …… 適量
卡士達醬 …… 960g
（→P16）
鮮奶油醬 …… 適量
（→P16）
糖粉 …… 適量
糖漬柳橙 …… 適量
金箔 …… 適量

巴巴蛋糕用麵團

1 用食物攪拌機（加裝勾狀頭）搓揉所有材料。在室溫下放置1小時使之發酵。

2 分成35g小團，裝進直徑5.5cm×高4.5cm的烤模裡。以180度烤箱烤15～18分鐘。

糖漿

3 將水煮沸，加入加工黑糖和棕糖，用打蛋器攪拌溶解。過濾後加入蘭姆酒（a.b）。

完工

4 將柳橙果肉從瓣皮上取下。考慮7所使用的分量，切成3等分。

5 用相同的烤模調整2的巴巴蛋糕形狀。切掉一部分蛋糕，塞進杯子裡。

6 每一杯都倒入3的糖漿55g（d）。靜置一段時間，讓蛋糕吸收糖漿（e）。

7 擠入卡士達醬30g，放進4的柳橙果肉。再擠入鮮奶油霜，撒上糖粉。

8 放上柳橙果肉和糖漬柳橙，再放上金箔裝飾。

a

b

c

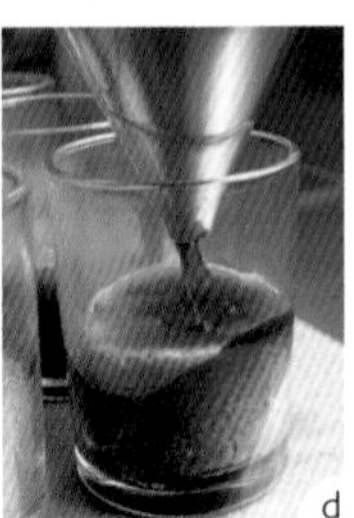
d

e

Recipe：荒木浩一郎［スイーツワンダーランド アラキ］

素焚糖 黑糖蜜 加工黑糖

素焚糖加栗子的英式水果蛋糕

想做不傷身體的甜點，所以特地研發了一份不含蛋、牛奶和麵粉等材料以因應食物過敏；同時不使用白色砂糖的英式水果蛋糕食譜。素焚糖和豆漿、栗子很搭，即使不使用雞蛋和乳製品也能充分表現出鹹味。

素焚糖餅乾

1 把素焚糖和黑糖寒天醬加進豆漿裡，用打蛋器攪拌，再加入粉類攪拌均勻（a）。

2 倒進鐵盤。以150度烤箱隔水加熱30分鐘左右。

豆漿奶油

3 將豆漿奶油和素焚糖打發至7分發泡。

黑糖糖漿

4 將所有材料混合均勻。

完工

5 用直徑5.5cm的圓形切模切好2的素焚糖餅乾，充分輕拍塗抹上4的黑糖糖漿（b）。

6 在杯子底部依序放入碎栗子、3的豆漿奶油、5、3的豆漿奶油。

7 放上完整的栗子。再放上灑有素焚糖的裝飾用巧克力，以及4個奶酥餅乾。

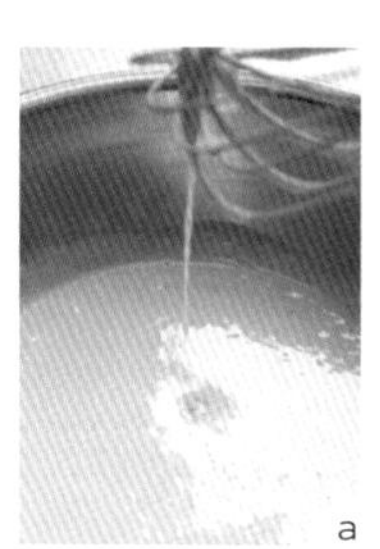
a

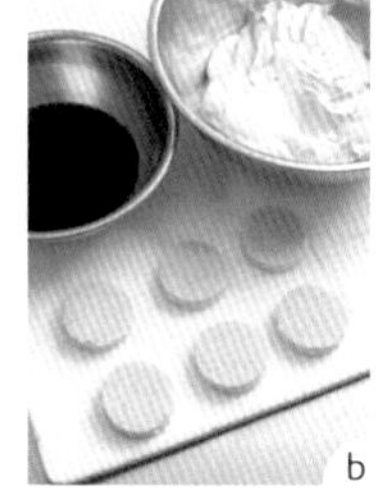
b

●材料　20杯

素焚糖餅乾 60㎝×40㎝鐵盤1個

豆漿（無糖）…… 180g
素焚糖…… 75g
黑糖寒天醬（→P62）…… 5g
［米穀粉 …… 180g
　泡打粉 …… 5g

豆漿奶油

豆漿奶油 …… 300g
素焚糖…… 21g

黑糖糖漿

黑糖蜜…… 30g
煮焦的焦糖醬…… 20g
（將細白糖煮焦成膏狀）
水 …… 100g

完工

栗子（破碎的） …… 適量
栗子（完整的） …… 1杯2個
裝飾用巧克力、素焚糖、奶酥餅乾

事前準備

●奶酥餅乾（原味）：將奶油和素焚糖各100g壓碎混合，加入杏仁粉和低筋麵粉各100g，攪拌均勻。　成1cm厚，放進冷藏庫凝固，切成1cm骰子狀。以150度烤箱烤25分鐘左右。巧克力口味則是把低筋麵粉改成90g，再加入15g的可可粉。

人類天生追求著甜食

渡邊昌　公益社團法人 生命科學振興會理事長

維持人類生命不可或缺的糖分

維持人類生命不可或缺的營養成分，包含了葡萄糖。

人類在演化過程當中，選擇葡萄糖作為最有效的能量來源，並以此打造了維持生命的機制。

在長達數億年的累積之下，持續經營著「把葡萄糖當成食物的共存關係」。

儘管近年來「減糖」就像是健康指標一般到處都有人大聲疾呼，然而若是忽略了重要的本質直接捨棄，實在不知道會有什麼樣的報復出現在人類的生命裡。糖分除了由葡萄糖和果糖結合而成的砂糖之外，還有很多種類的糖類。只要適量攝取就不會有任何問題。更正確來說，試圖以all or nothing的想法拒絕一切才是真正的問題。

回顧上億年的演化過程，剛開始的能量來源是脂肪，由脂肪轉化成酮體燃燒，變成能量。後來葡萄糖開始可以使用，而且可以產生出更多的能量，於是便進化成被全身細胞所採納，燃燒產生能量。

尤其是人類大腦的能量消耗佔了總消耗的20%，換算成葡萄糖有將近100g的量。

如此這般，儘管糖分是維持生命的重要能量來源，但是另一方面，過度攝取對健康所造成的影響，也是經常為人所詬病的地方。

例如齲齒、肥胖、糖尿病等，都被認為是過度攝取糖分所引起。然而這些問題的起因，其實是因為過度攝取精製過的白砂糖。

齲齒的原因是蛀牙菌，但口腔內環境可以透過唾液分泌改善，甚至連蛀牙菌在內的口內細菌都會是共生菌。現在的觀念正逐漸改變成蛀牙菌也會分解糖分使口腔內變成酸性，殺死其他雜菌。

肥胖的原因是因為過度攝取糖分，不過若是仔細觀察日本戰後到現今的主要營養素攝取變化量，就能發現脂肪和蛋白質的攝取量增加了5倍，而糖類的攝取量則是有所減少。也就是說，肥胖的真正原因應該是過度攝取脂肪和蛋白質才對。

糖尿病也是，只追究糖分一種原因是不對的。過度攝取糖分，將會造成血糖急速上升、胰島素過度分泌，久而久之便會出現胰島素不足的狀況。另外過度肥胖也會使身體出現胰島素抗性，導致胰島素無法正常發揮作用。

渡邊　昌

生於1941年，醫學博士。生命科學造詣極深，擔任生命科學振興會理事長，並兼任「醫與食」「Life Science」編輯長。從營養學角度加倍著重飲食的重要性，結合飲食、中醫和西醫，持續進行綜合醫療的相關研究。

黑糖優秀的均衡礦物質

在現代健康趨勢當中，隨著維持生命的糖分獲得全新評價，想要更進一步了解糖分，並做出選擇以攝取對身體更有益的糖分，也是理所當然的事。這其中包含了以黑糖為首的「含蜜糖」的新評價。

儘管全世界都有生產含蜜糖，但是近年來的評價重心都在於應該如何提高主要成分，也就是蔗糖的純度，以蔗糖含有率為基礎的價值觀打造了整個市場。至於含蜜糖所擁有的礦物質成分，也就是風味及微量營養就這樣被拋棄了。

然而有別於市場原理，我認為我們的身體，說得誇張一點是我們的遺傳基因，其實渴望著含蜜糖。即使是不曾吃過含蜜糖的世代的人，也出乎意料地喜歡含蜜糖的味道。這股幾乎讓人感到懷念的「恰到好處的美味」到底是從何而來的呢？

可能的理由之一，就是「含蜜糖優秀的均衡礦物質」。營養學當中，營養最均衡的食物是母乳，而含蜜糖擁有可以與之匹敵的均衡營養。礦物質（鈉、鉀、鈣、鎂、磷、鐵、鋅、銅、錳）的含量真的非常均衡。

當身體攝取到這份均衡的營養、均衡的礦物質時，身為生命體就會感受到「想要」以及「美味」的感覺吧。

完美的均衡礦物質，造就含蜜糖特有的滋味、濃醇與香氣，恰到好處的甜度（感官評價為砂糖甜味的80％）讓人感受到舒適的香甜。這甚至可以成為療癒心靈的寄託。

考慮到現今忙碌的現代人，以及未來高齡化社會的飲食生活，能夠維持人類生命並維持腦部活性化，含蜜糖可說是非常優秀的食物，不是嗎？

香蕉、熱帶水果、柑橘類…
含蜜糖與水果可說是天作之合

Recipe：橫田秀夫［菓子工房オークウッド］

●**材料**
直徑12.5㎝×高2.5㎝
耐熱容器5個

嫩煎香蕉
香蕉 ………… 250g
奶油 ………… 20g
素焚糖 ………… 25g

阿帕雷蛋奶液
牛奶 ………… 100g
鮮奶油（乳脂肪含量38%）… 300g
加工黑糖 ………… 60g
蛋黃 ………… 80g

完工
素焚糖 ………… 適量

嫩煎香蕉

1 香蕉剝皮，切成1㎝厚片。
2 開火加熱平底鍋，融化奶油，放入1的香蕉切片和素焚糖一邊搗爛一邊翻炒（a）。用大火嫩煎，直到煮出來的水分幾乎全部收乾為止（b）。

阿帕雷蛋奶液

3 將牛奶、鮮奶油和加工黑糖混合（c）煮沸，讓鍋底接觸冰水，稍微降溫。
4 打散蛋黃，加進3裡攪拌均勻（d），過濾。
5 把2的嫩煎香蕉放進耐熱容器裡，用湯匙壓平。
6 把4緩緩倒進去，小心不要跟嫩煎香蕉攪和在一起（e）。以150度烤箱烤30～35分鐘。

完工

7 用濾茶器將素焚糖篩滿整個表面（f），用手指將耐熱容器邊緣擦乾淨（g）。整體噴上少許霧水，用瓦斯噴槍使之焦糖化（h）。

素焚糖 加工黑糖

香蕉與素焚糖的焦糖布丁

用素焚糖嫩煎香蕉，讓味道一口氣變得濃郁，鋪在焦糖布丁底層。阿帕雷醬也因為加工黑糖而有了濃厚的滋味。表面也透過素焚糖的焦糖化而變得酥脆可口。

素焚糖 棕糖 糖蜜糖 紅糖

亞洲盛宴

內部包含了讓人想起亞洲的各種水果的法式奶油霜，用椰子口味的馬可龍上下夾住，做成小蛋糕。用糖蜜糖和棕糖做成的法式奶油霜，滋味濃厚又不失溫和，讓人心情平靜。灑滿整個蛋糕表面的波羅脆皮是由紅糖糖化製成，柔和的甜味當中帶有香濃的味道。

加工黑糖　素焚糖

熱帶水果塔

把黑糖的南國形象打造成水果塔。熱帶水果與含蜜糖相當搭配，將整道水果塔的滋味整合得十分完美。

●材料　15個

可可口味馬卡龍麵糊

冷凍蛋白 …… 150g
素焚糖 …… 150g
乾燥蛋白粉 …… 1g
椰子利口酒 …… 7g
┌ 糖粉 …… 210g
│ 杏仁粉 …… 150g
└ 椰絲 …… 75g
椰絲 …… 適量

東方水果雞尾酒

芒果（泰國產） …… 1個
鳳梨 …… 1個
棕糖 …… 40g
桂花陳酒 …… 40g

糖蜜糖奶油

糖蜜糖 …… 60g
棕糖 …… 30g
水 …… 90g
加糖冷凍蛋黃 …… 72g
發酵奶油 …… 234g
桂花陳酒 …… 18g

椰子口味波蘿脆皮

椰絲 …… 150g
紅糖 …… 45g
水 …… 15g

組合

食用花
裝飾用巧克力

a

可可口味馬卡龍麵糊

1 在攪拌機調理盆（加裝打蛋頭）內放入冷凍蛋白、素焚糖和乾燥蛋白粉，用高速打發。
2 加入椰子利口酒和粉類攪拌，進行Macaronage（將一定程度的氣泡擠破攪拌）製作馬卡龍外殼。
3 裝進擠花嘴為直徑10mm圓形的擠花袋裡，在鐵盤上擠出直徑5cm的麵糊。在表面撒上滿滿的椰絲，放置20～30分鐘，使表面乾燥。
4 以125度烤箱烤10分鐘，然後降到100度再烤8分鐘左右。

東方水果雞尾酒

5 將芒果切成1cm骰子狀，鳳梨切成3cm×5mm左右的的長條狀。
6 把棕糖和桂花陳酒灑在5上，用保鮮膜包好。以50度烤箱加熱25分鐘後放置冷卻。

糖蜜糖奶油

7 將糖蜜糖、棕糖和水煮沸，溶解砂糖。
8 把7倒進加糖冷凍蛋黃裡攪拌，倒回鍋內開火，依照煮安格列斯醬的要領熬煮。
9 過濾，冷卻至20度。
10 用攪拌機將發酵奶油打到發白，把9加進去，再把桂花陳酒也加進去。

椰子口味波羅脆皮

11 以120度烤箱烘烤椰絲約20分鐘。
12 把紅糖和水加熱至104度，關火，把11加進去攪拌，再次開火使之糖化（a）。

組合

13 在直徑5.5cm的烤模裡擠入少量的10糖蜜糖奶油，把6的水分瀝乾，填滿整個烤模。
14 再像是填滿所有縫隙似地擠入2cm左右的糖蜜糖奶油，冷卻凝固。
15 用4的馬卡龍2片夾住14。
16 讓表面沾滿12的椰子口味波羅脆皮，放上食用花和裝飾用巧克力。

●材料　15個

塔皮
容易製作的分量

奶油……300g
糖粉……190g
全蛋……120g
高筋麵粉……250g
低筋麵粉……250g
杏仁粉……60g
鹽……2g
香草粉……0.5g

餅乾
60cm×40cm鐵盤1個

全蛋……290g
蛋黃……30g
細白糖……145g
低筋麵粉……145g
奶油……48g
牛奶……15g

椰子慕斯

椰子果泥……75g
吉利丁片……2.4g
蘭姆酒（無色）……4g
椰子利口酒……3g

義式蛋白霜

細白糖……160g
水……55g
蛋白……80g
鮮奶油（乳脂肪含量45%）……65g

糖漿

比重30的糖漿……100g
加工黑糖……10g

組合

卡士達醬（→P16）……360g
鏡面果膠……適量
鳳梨、芒果……各5小塊

事前準備

●將鳳梨、芒果事先切成1.5cm左右的骰子狀。

塔皮

1 在攪拌機調理盆（加裝打蛋頭）內放入奶油和糖粉混合，將全蛋分成數次加入攪拌。粉類也加進去攪拌均勻。在冷藏庫裡靜置一晚。

2 擀成1.75㎜厚，鋪在15個直徑7cm×高1.5cm的水果塔模具裡。用叉子等距離戳洞，放入重物。

3 以160度烤箱烤25分鐘左右。

餅乾

4 在攪拌機調理盆（加裝打蛋頭）內放入全蛋、蛋黃和細白糖，加溫至人體體溫，打發至呈現緞帶狀。

5 加入低筋麵粉，用矽膠刮刀攪拌。將奶油和牛奶混合融化，加進去攪拌均勻。

6 以185度烤箱烤12分鐘左右。用直徑5cm的圓形切模切15片。

椰子慕斯

7 在椰子果泥裡加入隔水加熱溶解的吉利丁片，攪拌均勻，然後加入蘭姆酒和椰子利口酒。

8 製作義式蛋白霜。把細白糖和水加熱至118度。將蛋白打發，把糖漿加進去之後稍微冷卻，然後繼續打發。

9 把8和打發的生奶油全部加進7，攪拌均勻。

10 填入15個直徑4cm的半圓形矽膠模具裡，用急速冷凍機冷凍凝固。

糖漿

11 將糖漿與加工黑糖混合溶解，過濾。

組合

12 在每一片6的餅乾上輕拍塗抹11的糖漿6g。

13 在3的塔皮裡填入卡士達醬，放上12壓下去（a）。再擠上少量卡士達醬，用奶油刮刀刮平（b）。

14 把10的椰子慕斯排列在鐵網上，用勺子淋上鏡面果膠（c）。

15 把14放在13上面，再把鳳梨和芒果排列在周圍。

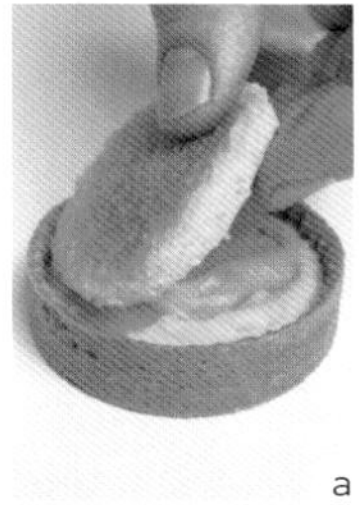
a

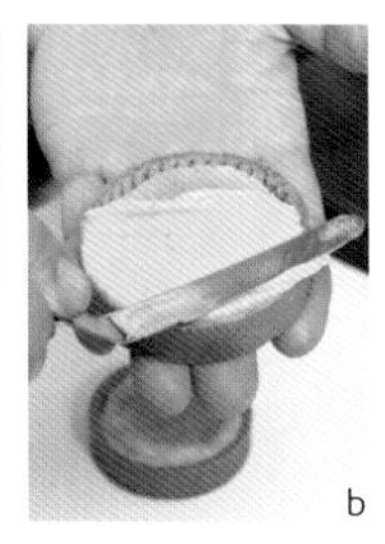
b

c

素焚糖 棕糖 黑糖蜜

馬丁尼克蛋糕

用加入棕糖與黑糖蜜的海綿蛋糕為底，搭配棕糖製成的糖漿，讓加勒比海的馬丁尼克產蘭姆酒充分散發香氣，最後素焚糖的嫩煎香蕉作結。黑糖可以代替轉化糖使用，除了有絕佳的海綿蛋糕保濕效果，作為香氣撲鼻的香精也非常稱職。由於蘭姆酒也是以甘蔗製成，味道之搭配當然不言而喻。

加工黑糖 紅糖

香蕉柳橙水果塔

以甘蔗主要產地加勒比海為形象，用柳橙提味，做成水果塔。淋在外面的蘭姆酒漿也十分香醇。

●材料

直徑7公分的半圓形矽膠模具30個

嫩煎香蕉

香蕉……600g
素焚糖……180g
水……60g
寒天（Le Kanten Ultra）……4.8g
椰子油……30g
蘭姆酒（深褐色）……48g

蛋糕用麵糊

發酵奶油……450g
┌中高筋麵粉……450g
└泡打粉……9g
棕糖……400g
黑糖蜜……50g
鹽（蓋朗德產鹽之花）……4g
全蛋……420g

糖漿

棕糖……150g
香草豆莢……1根
（乾燥品）
水……150g
蘭姆酒（深褐色）……75g

鏡面巧克力

鮮奶油（乳脂肪含量35%）……96g
水……96g
素焚糖……156g
可可粉……99g
吉利丁片……14g
鏡面果膠……226g
（無須加熱即可使用）

鏡面淋醬

杏桃製鏡面果膠……300g
（Jelfix）
水……60g

完工

香蕉……300g
素焚糖……60g

嫩煎香蕉

1 把香蕉切成1cm厚片。
2 在鍋內放入素焚糖，煮至微焦，加入**1**和用水溶解的寒天。
3 持續加熱到水幾乎全部收乾，呈現膏狀，然後把椰子油和蘭姆酒加進去。
4 擠進30個直徑4cm的半圓形矽膠模具裡，放進冷凍庫結凍。

蛋糕用麵糊

5 將發酵奶油和粉類混合攪拌成膏狀，調整成23度。
6 仔細混合棕糖、黑糖蜜、鹽和全蛋，調整成23度。
7 把6分成3次加進**5**，不要打出太多泡泡，仔細攪拌。
8 擠進30個直徑7cm的半圓形矽膠模具裡，把**4**壓進正中央。再擠進少量麵糊。
9 以150度烤箱烤35分鐘左右。
10 把**9**從烤好的烤模裡拿出來，趁熱浸在**11**的糖漿裡10秒左右。放回模具裡，送進冷凍。

糖漿

11 把棕糖、香草豆莢和水混合煮沸，關火，加入蘭姆酒。

鏡面巧克力

12 將鮮奶油和水煮沸。
13 在調理盆內放入素焚糖和可可粉混合，把**12**加進去攪拌。
14 加入吉利丁片溶解，也加入鏡面果膠。用濾網過濾後，用攪拌棒加以攪拌。放置冷卻。

鏡面淋醬

15 將材料混合煮沸。
16 把冷凍好的**10**從烤模裡拿出來，排列在鐵網上，把**15**淋上去。

完工

17 將香蕉直向對切，切成適當長度，用濾茶器篩上素焚糖，再用瓦斯噴槍烤焦表面。
18 在**16**的中央凹陷處擠入**14**的鏡面巧克力。放上**17**的焦糖香蕉1片。

●材料　20個

巧克力塔皮

奶油（室溫）……300g
蛋黃……2個
低筋麵粉……500g
可可粉……10g
A 水……80g
A 細白糖……20g
A 鹽……10g

焦糖柳橙

柳橙……3個
柳橙原汁……3個份
紅石榴糖漿……16g
柳橙利口酒……15g
細白糖……35g

巧克力薄層餅

牛奶巧克力……15g
奶油……6g
榛果果仁糖……54g
巧克力薄層餅……30g

黑糖巧克力奶油

蛋黃……20g
細白糖……20g
加工黑糖……15g
鮮奶油（乳脂肪含量42%）……185g
牛奶……185g
黑巧克力……120g
（可可含量70%）
牛奶巧克力……80g

嫩煎香蕉

細白糖……30g
香蕉……200g
蘭姆酒（深褐色）……10g
加工黑糖……10g

黑糖蛋白霜奶油

蛋白……80g
加工黑糖A……45g
加工黑糖B……40g
玉米粉……15g
鮮奶油……400g

蘭姆酒果凍

水……800g
蘭姆酒（深褐色）……100g
加工黑糖……100g
膠凝劑（PEARLAGAR-8）……50g

完工

香蕉……約10根
紅糖……適量
裝飾用巧克力、杏仁片、橙皮、開心果（切片）

巧克力塔皮

1　在攪拌機調理盆（加裝打蛋頭）內放入材料（A需事先混合完成），持續攪拌直到成為一整團。用塑膠袋包好，放進冷藏庫靜至半天。
2　擀成厚度2mm，用直徑12cm的圓形切模裁切。裝進直徑7cm×高2.5cm的烤模裡，壓上重物。以190度烤箱烤40～50分鐘。

焦糖柳橙

3　取下柳橙的果肉。
4　在柳橙原汁裡加入紅石榴糖漿和柳橙利口酒。
5　把細白糖放入鍋中煮焦製成焦糖，再把4加進去煮沸。
6　趁熱一邊過濾一邊加進3。稍微放置冷卻，送進冷藏庫浸漬一晚。

巧克力薄層餅

7　把牛奶巧克力和奶油混合之後隔水加熱融化，依序加入榛果果仁糖和巧克力薄層餅，攪拌均勻。
8　平鋪成厚度2mm，冷卻凝固。切成4cm四方形。

黑糖巧克力奶油

9　把蛋黃、細白糖和加工黑糖壓碎混合，再把攪拌煮沸的鮮奶油和牛奶加進去。過濾後移回鍋內，煮成安格列斯醬。
10　將兩種巧克力隔水加熱融化，把9加進去。放進冷藏室冷卻凝固。

嫩煎香蕉

11　用平底鍋將細白糖煮成焦糖。放入香蕉和蘭姆酒，嫩煎直到變軟為止。最後加入加工黑糖。放置冷卻。

黑糖蛋白霜奶油

12　把蛋白和加工黑糖A打發，做成蛋白霜。
13　把加工黑糖B和玉米粉混合加進12，攪拌均勻。
14　薄薄地鋪平在鐵盤上。以90度烤箱烤3～4小時進行烘乾。
15　用攪拌機將14打成粉末，取出75g，與鮮奶油一起打發。

蘭姆酒果凍

16　將材料加熱到快要沸騰，倒2mm高進淺方盤，冷卻凝固。
17　用直徑8cm的菊花形切模裁切。

完工

18　將香蕉切成2mm薄片，用濾茶器篩上紅糖，再用瓦斯噴槍稍微烤焦，放置冷卻。
19　在2的底部放入8的巧克力薄層餅。擠入10的黑糖巧克力奶油，抹在邊緣。放入2片焦糖柳橙，擠入15的黑糖蛋白霜奶油直到與邊緣齊平（a）。
20　放上18的香蕉薄片約13片。蓋上17的蘭姆酒果凍。
21　放上裝飾用巧克力、杏仁片、橙皮和開心果。

a

糖蜜糖真的很有趣

Recipe：指籏 誠〔ノイン・シュプラーデン〕

● **材料**　**開口18㎝×8㎝高7㎝的磅蛋糕模具2個**

磅蛋糕麵糊

全蛋……230g
糖蜜糖……245g
素焚糖……50g
鹽……1g
酸奶油……105g
蘭姆酒（深褐色）……30g
低筋麵粉……105g
高筋麵粉……105g
泡打粉……7g
融化的奶油……85g
紅酒漬無花果……85g
（→如下）

完工

杏桃果醬……適量
紅酒漬無花果……3片／1個
牛軋糖脆片（→如下）……適量
金箔

事前準備

●將磅蛋糕麵糊的紅酒漬無花果切成1㎝骰子狀。

磅蛋糕麵糊

1　將全蛋、糖蜜糖、素焚糖和鹽放入調理盆，用打蛋器一邊攪拌一邊隔水加熱至人體體溫（a）。放置30分鐘冷卻。

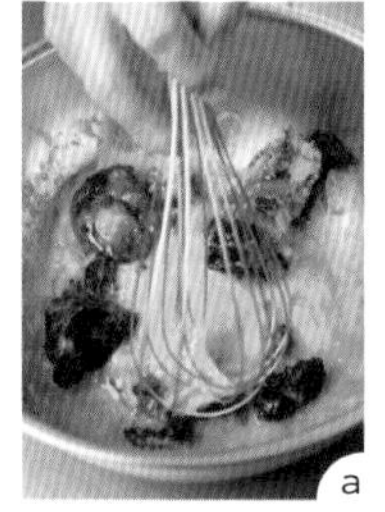
a

b

2　30分鐘後，由於糖蜜糖已經完全被水分滲透軟化，所以可以用打蛋器搗碎似地溶解混合。如果還是很難溶解，可以再次隔水加熱或直接加熱，放置冷卻後進行下一個步驟。

3　加進酸奶油和蘭姆酒攪拌均勻。

4　加入粉類，攪拌至變得光滑，然後加進融化的奶油，靜置30分鐘。

5　將紅酒漬無花果混合。

6　倒入模具裡。在小紙片上沾上融化的奶油（或是植物油，未列入材料清單），在麵糊中央劃一道痕跡。以170度烤箱烤45分鐘左右。

完工

7　加熱杏桃果醬，塗在6的表面，放上紅酒漬無花果、牛軋糖脆片和金箔裝飾。

紅酒漬無花果

● **材料**　半乾燥無花果…300g　紅酒…100g　素焚糖…100g　奶油甜酒（利口酒）…少量

1　將半乾燥無花果對切。

2　將紅酒和素焚糖混合煮沸，把1和奶油甜酒加進去。醃漬1天以上。＊放在密閉容器裡可以保存兩個月。醃漬用的糖漿也可以用來塗抹烘烤完成之後的磅蛋糕。

牛軋糖脆片

● **材料**　奶油…100g　素焚糖…60g　細白糖…60g　水飴…40g　蜂蜜…20g　杏仁碎（16等分切塊）…75g

1　將杏仁碎以外的材料用微波爐（700W）加熱約1分鐘後混合攪拌，然後加進杏仁碎。

2　薄薄平鋪在矽膠墊上，以160度烤箱烤幾分鐘，直到變成金黃色。＊以1的狀態放在密閉容器裡可以保存1個月。

糖蜜糖 素焚糖

糖蜜糖磅蛋糕

糖蜜糖深奧的滋味和無花果非常搭配，是一道非常適合秋冬季節的磅蛋糕。紅酒漬無花果和牛軋糖脆片是非常方便的材料，不妨做好放著隨時備用。

糖蜜糖　素焚糖　加工黑糖

巴斯克蛋糕・純黑

用糖蜜糖和素焚糖烤出巴斯克蛋糕的蛋糕體，中間夾著用加工黑糖做成的卡士達醬。經過1小時又50分鐘長時間的烘烤，使糖蜜糖餘韻綿長的香氣更加顯著。

●材料　30個

巴斯克蛋糕麵團

蛋黃	250g
糖蜜糖	300g
素焚糖	150g
香草豆莢	1根
蘭姆酒（深褐色）	10g
鹽（蓋朗德產鹽之花）	1g
發酵奶油	450g
中高筋麵粉	500g
杏仁粉	200g

巴斯克卡士達醬

牛奶	750g
杏仁粉	186g
蛋黃	75g
加工黑糖	165g
┌ 高筋麵粉	45g
└ 低筋麵粉	33g
奶油	8g
蘭姆酒（深褐色）	15g

事前準備

●將糖蜜糖、素焚糖和香草豆莢用食物調理機粉粹並過篩。

巴斯克蛋糕麵團

1　將蛋黃和準備好的砂糖、蘭姆、鹽混合攪拌。
2　把1加進恢復成室溫的發酵奶油裡攪拌，使之乳化。
3　把準高筋麵粉和杏仁粉加進去攪拌。揉成一團後用保鮮膜包起來，放進冷藏庫冷卻。

巴斯克卡士達醬

4　將牛奶和杏仁粉混合煮沸。
5　把蛋黃和加工黑糖壓碎混合，也把粉類加進去。
6　把4加進5，一邊過濾一邊倒回鍋內，開大火加熱。沸騰之後轉中火，煮到表面出現光澤，變得光滑為止。
7　關火，加進奶油和蘭姆酒。平鋪在方盤之類的容器裡快速冷卻。

組合

8　將3的麵團擀成1cm厚，用28cm×36cm的無底烤模切下2片麵團。
9　在無底烤模底部鋪一片麵團8，把巴斯克卡士達醬放上去，撫平，然後把另一片麵團放上去。
10　塗上全蛋液（未列入材料清單），等乾了之後再塗一次，用小刀劃出斜格子花紋。
11　以150度烤箱烤90分鐘，降低至140度再烤約20分鐘。切成5.5cm正方形。

糖蜜糖

糖蜜糖甜塔

在布里歐的麵團上，放上厚達1cm的大量糖蜜糖。光是這樣就足夠美味，但還要再放上高乳脂鮮奶油做成的阿帕雷蛋奶液，讓味道更富饒。充分活用含蜜糖容易吸收水分的特徵，直接品嘗剛出爐蛋糕中的糖蜜糖如同蜜糖一般的滋味吧。

布里歐麵團

1　在攪拌機調理盆（加裝勾狀頭）內放入所有材料，用低速攪拌搓揉5分鐘。揉成一團用保鮮膜包好，放進冷藏發酵1天。

阿帕雷蛋奶液

2　把高乳脂鮮奶油、卡士達醬和全蛋用打蛋器混合攪拌。

組合

3　將1的麵團擀成7㎜厚，鋪進塔圈裡。
4　用毛刷塗上蛋液（未列入材料清單），將糖蜜糖大致上揉碎，鋪滿一整面。
5　倒入2的阿帕雷蛋奶液，撫平。
6　以220度烤箱烤20分鐘左右。

●材料
直徑18㎝塔圈1個

布里歐麵團
全蛋……75g
奶油……75g
高筋麵粉……125g
細白糖……12g
即速乾酵母粉……4g
鹽……3g

阿帕雷蛋奶液
高乳脂鮮奶油……250g
卡士達醬……80g
全蛋……30g

組合
糖蜜糖……100g

● **材料**
直徑9.5㎝貝殼蛋糕模具6個

全蛋 …… 105g
糖蜜糖 …… 100g
細白糖 …… 40g
杏仁粉 …… 100g
┌ 低筋麵粉 …… 45g
└ 泡打粉 …… 2g
蘭姆酒（深褐色）…… 5g
融化的奶油 …… 70g
牛奶 …… 20g
香草香精 …… 1g

1 在調理盆內放入全蛋、糖蜜糖和細白糖（a），一邊攪拌一邊隔水加熱或直接加熱至人體體溫（b）。在糖蜜糖融化之前（c），小心不要加熱過度。進行過濾，移到攪拌機調理盆（加裝打蛋頭）內。
2 把杏仁粉加進去，用中速打發直到微微發白並呈現緞帶狀（e.f）。
3 移至普通調理盆，將粉類多次少量加進去，用矽膠刮刀攪拌（g）。
4 也加入蘭姆酒，融化的奶油和牛奶混合之後再加進去攪拌（h），還要加入香草香精。
5 擠進貝殼蛋糕模具裡（i）。以160度烤箱烤16分鐘左右。

糖蜜糖

糖蜜糖法式貝殼蛋糕

用糖蜜糖製作日本人想像的鬆軟法式貝殼蛋糕，令人懷念的滋味無窮。雖然充分發揮了糖蜜糖強烈印象，不過還是為了避免味道太刺激而合併使用了細白糖。硬質的糖蜜糖，處理須要費一番工夫，不過只要加熱到人體體溫就會迅速融化了。

糖蜜糖

糖蜜糖方塊酥

糖蜜糖是直接吃就很好吃的砂糖。有種獨特的甜味，味道也很有深度。把難以溶解這一點拿來利用，與奶油、米穀粉一起阻隔表面，烤好後不會溶出水分，可以充分享受酥脆的口感。

1 在攪拌機調理盆（加裝打蛋頭）內放入恢復室溫的奶油和糖蜜糖（a），攪拌直到呈現膏狀（b）。
2 依序加入杏仁粉和米穀粉，攪拌均勻（c.d）。
3 擀成1.5cm厚（e），冷卻凝固。
4 切成1.5cm骰子狀（f）。
5 排列在鐵盤上，以160度烤箱烤20分鐘左右。

●材料　156個

奶油 ······ 200g
糖蜜糖 ······ 200g
杏仁粉 ······ 180g
製菓用米穀粉 ······ 200g

糖蜜糖 加工黑糖

糖蜜糖薑汁吉拿棒

在吉拿棒的麵糊裡加進了糖蜜糖和薑汁。由於糖蜜糖在各種含蜜糖當中風味是最強烈的，所以就算經過油炸，味道也會完整保留不會消失。

1 將水、糖蜜糖和鹽一邊用打蛋器攪拌一邊開火融化煮沸（a）
2 關火，把粉類加進去（b），再次開火，持續攪拌搓揉直到鍋底出現一層薄膜為止。
3 從火源拿開，將全蛋分成數次加進去，搓揉混合。再加進薑汁。
4 裝進擠花嘴為星形（如果不用星形，油炸途中麵團會很容易破裂）8道切口、口徑9㎜的擠花袋裡，擠出棒狀之類形狀的麵糊（c）。
5 將油炸油加熱至180度，將4油炸3～4分鐘（d）。把油瀝乾。
6 把加工黑糖鋪在鐵盤上，趁5還熱的時候裹上去（e）。

＊在步驟4擠出麵糊之後可以進行冷凍保存。可以在冷凍狀態下油炸。

●材料

水	145g
糖蜜糖	6g
鹽	少量
┌ 低筋麵粉	120g
└ 泡打粉	2g
全蛋	45g
薑汁	20g
油炸油	適量
加工黑糖	適量

a

b

c

d

e

利用含蜜糖讓蛋糕滋味更豐富

Recipe：中野慎太郎［シンフラ］

●材料　直徑15㎝×高8㎝
咕咕洛夫烤模3個

黑糖咕咕洛夫

鮮奶油（乳脂肪含量42%）……60g
加工黑糖A……50g
奶油……200g
糖粉……130g
加工黑糖B……100g
全蛋……185g
┌低筋麵粉……185g
└泡打粉……3g
蘭姆酒葡萄乾……60g

香草糖漿

水……150g
細白糖……50g
香草豆籽……少量

黑糖鏡面淋醬

加工黑糖……125g
水……65g
糖粉……270g

事前準備

●在烤模裡抹上軟膏狀的奶油（未列入材料清單），撒上高筋麵粉（未列入材料清單）。

黑糖咕咕洛夫

1　將鮮奶油和加工黑糖A煮沸，然後冷卻。
2　在攪拌機調理盆（加裝A型頭）內放入奶油打發至變白，把糖粉和加工黑糖B加進去，繼續打發。
3　將全蛋分次少量加入攪拌，然後把粉類也一起加進去攪拌均勻。
4　依序加進1和蘭姆酒葡萄乾混合。
5　倒入烤模，以170度烤箱烤25分鐘，降溫至150度再烤25分鐘左右。
6　烤好之後（a）立刻將7的香草糖漿輕拍塗抹上去。用保鮮膜包好，放置冷卻。

香草糖漿

7　將水、細白糖和香草籽混合煮沸，然後冷卻。

黑糖鏡面淋醬

8　將加工黑糖和水混合煮沸，把糖粉加進去攪拌均勻（b～d）。

完工

9　把6的咕咕洛夫放在鐵網上，用勺子裝8的黑糖鏡面淋醬淋上去。
10　放進200度烤箱迅速烤一下，使表面乾燥。

a

b

c

d

e

加工黑糖

咕咕洛夫

不論是蛋糕體或最後完工的鏡面淋醬都用了加工黑糖，創造出滋味濃密的咕咕洛夫蛋糕。加工黑糖的甜味溫和，所以非常推薦做成淋在上面的鏡面淋醬。

紅糖

紅糖口味葉子派

能夠純粹享用紅糖深厚滋味的一道派。表面不只有紅糖，也裹著細白糖，讓紅糖質樸的色澤和細白糖閃亮的質感同時並存。形狀可依個人喜好製作。

1 將千層派皮擀成7mm厚，用濾茶器整面篩上紅糖。折3折，放進冷藏庫靜置1小時。
2 將1擀成2mm厚，用長度6cm的葉型切模切好。
3 以170度烤箱（階梯式烤箱）烤25分鐘左右。稍微放置冷卻。
4 在2個鐵盤上各自放入細白糖和紅糖。先在3上面裹上細白糖，然後再裹上滿滿的紅糖（a.b）。

●材料

千層派皮………………………… 適量
紅糖……………………………… 適量
細白糖…………………………… 適量

●千層派皮：高筋麵粉、低筋麵粉各300g，與事先混合好的水300g和融化的奶油40g，還有鹽2g，全部放進攪拌機（加裝勾狀頭）用低速攪拌成團為止。在作業台上揉成團，擀成30cm四方形，用保鮮膜包好放進冷藏靜置1小時。用擀麵棍敲打反摺用的奶油500g之後，平鋪成20cm四方形，放在麵團中間，然後從四個角落包起來。將麵團擀開，4摺反覆2次，3摺反覆2摺（每摺1次都要放進冷藏靜置1小時）。

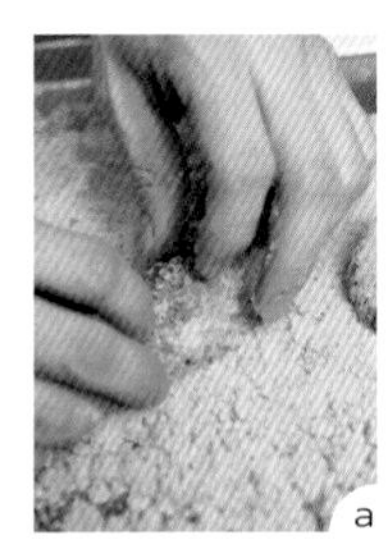
a

b

Recipe：西園誠一郎 [Seiichiro, Nishizono]

加工黑糖　黑糖蜜　素焚糖

堅果塔・純黑

黑糖和黑糖蜜給人的印象通常都是日式甜點，不過只要吃過這道堅果塔，那個印象肯定會消失無蹤。將加工黑糖與黑糖蜜稍加熬煮，把所有美味直接做成焦糖醬，大量淋在堅果上，最後完成這道堅果塔。黑色的配色也讓人印象深刻，在展示櫃當中鶴立雞群。甜塔皮也運用素焚糖烤得滋味醇厚，和焦糖有著完美的結婚搭配。

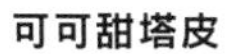

可可甜塔皮

1　將奶油切成小碎塊，把粉類加進去，進行搓砂(sablage，互相搓揉使之變得乾燥鬆散)。再加入素焚糖，進行同樣的動作。

2　把全蛋加進去，揉成團，用手掌繼續互相搓揉。

3　擀成2㎜厚，切成約9㎝四方形(1片30g)。鋪進7㎝四方形塔模，冷凍。

4　以170度烤箱乾烤16分鐘左右。

裝飾配菜

5　將杏仁、山核桃和夏威夷果仁用150度烤箱烘烤約20分鐘左右。糖漬橙皮適當切碎。

黑色焦糖的阿帕雷蛋奶液

6　在鍋內放入黑糖蜜、加工黑糖、鮮奶油、鹽和香草豆籽，加熱至112度。

7　把奶油加進去，用攪拌棒攪拌均勻。

8　把5的裝飾配菜加進去，攪拌至變得平滑為止。

完工

9　在4的可可甜塔皮裡加入大量的8。在塔皮邊緣撒上糖粉，放上金箔裝飾。

●材料　15個

可可甜塔皮

奶油……150g
┌低筋麵粉……227g
└可可粉……56g
素焚糖……100g
全蛋……50g

裝飾配菜

杏仁……120g
山核桃……120g
夏威夷果仁……80g
糖漬橙皮……80g

黑色焦糖的阿帕雷蛋奶液

黑糖蜜……300g
加工黑糖……300g
鮮奶油(乳脂肪含量35%)……300g
鹽(蓋朗德產鹽之花)……6g
香草豆籽……1g
奶油……128g

完工

糖粉、金箔

●材料

直徑18㎝的熱內亞蛋糕烤模3個

蛋糕體

全蛋……160g
蛋黃……60g
加工黑糖……125g
香草香精……2g
杏仁粉……125g
蛋白……100g
素焚糖……85g
┌ 低筋麵粉……60g
└ 高筋麵粉……60g
融化的奶油……105g

黑糖糖漿

A ┌ 加工黑糖……60g
　└ 水……40g
融化的奶油……58g
加工黑糖……8g
素焚糖……8g

奶油、杏仁片……各適量

事前準備

●在烤模上塗抹軟膏狀奶油，貼上杏仁片。

蛋糕體

1　將全蛋、蛋黃、加工黑糖和香草香精一邊攪拌一邊隔水加熱或直接加熱至人體體溫。過濾後移至攪拌機調理盆（加裝打蛋頭）內。
2　把杏仁粉加進1，用中速打發成偏白的緞帶狀（a）。移到普通調理盆。
3　製作蛋白霜。開始打發蛋白，5分鐘後加入1/3的素焚糖。加進砂糖，氣泡會暫時下沉，不過等到氣泡再次增加的時後就再加入1/3的量。這樣就能做出紮實綿密又有光澤的蛋白霜（b）。
4　把3一次全部加進2，用矽膠刮刀攪拌。
5　將粉類分次少量加進去攪拌，然後加入融化的奶油，攪拌均勻（c）。
6　倒進烤模。以160度烤箱烤35分鐘左右。

黑糖糖漿

7　把A的加工黑糖和水煮沸製成糖漿。與融化的奶油混合，然後加進加工黑糖和素焚糖（d）。

完工

8　烤好之後從烤模上取下（e），立刻在每個蛋糕上輕拍塗抹7的黑糖糖漿各40g（f），不放過任何角落。

加工黑糖 素焚糖

熱內亞蛋糕

這道熱內亞蛋糕把加工黑糖的風味做了改良與變化。蛋黃搭配加工黑糖、蛋白霜搭配素焚糖，各自搭配然後製造完成。趁剛出爐的時候大量拍入由加工黑糖、素焚糖和奶油做成的糖漿，不但可以補強味道，還能防止蛋糕乾掉。

Recipe：荒木浩一郎
[スイーツワンダーランド アラキ]

素焚糖　黑糖蜜

橡實小蛋糕

完整品嘗素焚糖香醇滋味的一道甜點。蛋糕本身的味道樸實而溫和，但是裹在外面的大量素焚糖讓味道變得更完整。這是只有素焚糖才能表現出來的味道，其他任何砂糖都辦不到。由於素焚糖比較不容易溶解，為了能確實溶化，秘訣就是在加入融化的奶油後才把素焚糖加入麵糊裡混合。

●**材料　6.5㎝×5㎝**
橡實形模具72個

全蛋	410g
素焚糖	75g
黑糖蜜	30g
香草醬	2g
低筋麵粉	270g
杏仁粉	110g
泡打粉	7g
鹽	1.5g
融化的奶油（70度）	280g
芥菜籽油	130g
素焚糖	290g
素焚糖	適量

1　在調理盆內放入全蛋、素焚糖、黑糖蜜和香草醬，用打蛋器混合，加溫至人體溫度溶化（a）。
2　把粉類加進去攪拌均勻（b）。
3　把素焚糖加進融化的奶油和芥菜籽油裡，攪拌融化。然後通通加進2（c）。在常溫下靜置2小時。
4　擠進模具裡（d），以180度烤箱烤20分鐘左右。
5　稍微冷卻之後，大量裹上素焚糖。

a

b

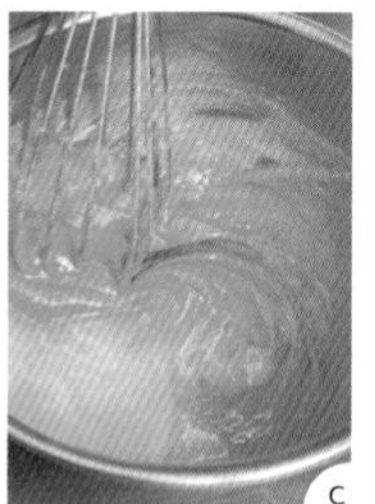
c

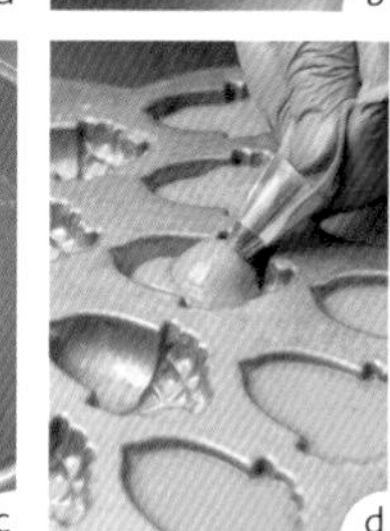
d

素焚糖

捲捲素焚糖派

把可頌麵皮捲在螺旋麵包模上烤成的派。外層滿滿的素焚糖讓味道更顯豐富。簡單完成的甜點，特別建議搭配素焚糖卡士達醬。

●材料　40個

麵皮

生酵母	20g
牛奶	275g
中筋麵粉	500g
細白糖	25g
鹽	10g
麥芽	2.5g
發酵奶油	275g
素焚糖	適量

卡士達醬

蛋黃	80g
素焚糖	100g
低筋麵粉	35g
牛奶	400g
奶油	80g

麵皮

1 用牛奶溶解生酵母。
2 在攪拌機調理盆（加裝勾狀頭）內放入除了發酵奶油和素焚糖以外的材料，用低速攪拌3分鐘，再用中速攪拌搓揉30秒。
3 移至普通調理盆，蓋上保鮮膜，在室溫下放置45分鐘發酵。
4 擀成正方形，放進冷藏靜置45分鐘。
5 把發酵奶油也鋪成正方形，放在4的中間包起來。摺成3褶，放進冷藏靜置45分鐘。重複這個動作兩次。
6 擀成2㎜厚，放進冷藏靜置30分鐘。
7 切成長20㎝×寬2.5㎝長條形。
8 在直徑2㎝的螺旋麵包模上薄塗一層奶油（未列入材料清單），把7捲在上面。
9 在濕毛巾上麵滾一圈，讓表面濕潤之後，裹上大量素焚糖（a）。
10 在室溫下放置發酵1小時，以180度烤箱烤20～30分鐘。

卡士達醬

11 把蛋黃和素焚糖壓碎混合，再加入低筋麵粉。
12 煮沸牛奶，倒進11裡。過濾後移回鍋內，煮成卡士達醬。關火，加入奶油。

完工

13 把12擠進10裡面。

a

用含蜜糖製作滋味豐富的日式甜點

Recipe：荒木浩一郎[スイーツワンダーランド アラキ]

●**材料　10杯**

蕨餅

蕨餅混製粉……600g
水……400g
黑糖蜜……240g

黑糖果凍

加工黑糖……100g
膠凝劑（AM-555）……15g
水……500g

完工

甜煮黑豆、豌豆、白豆、紅豆……各適量
鮮奶油（乳脂肪含量43%）…400g
細白糖……28g
黃豆粉1：素焚糖1
黑糖蜜

事前準備

●將黃豆粉和素焚糖用打蛋器攪拌混合。

蕨餅

1 將所有材料混合，用銅鍋熬煮（a）。倒在保鮮膜上鋪平（b），包好之後放置冷卻凝固（c）。
2 切成2cm骰子狀（d）。為了避免黏在一起，可以在菜刀刀刃上抹一層黃豆粉（未列入材料清單）再切。

黑糖果凍

3 把加工黑糖和膠凝劑壓碎混合，加水進去。煮沸，然後冷卻至45度。

完工

4 把各式甜煮豆子放進杯中，倒入2cm高的3。冷卻凝固。
5 將鮮奶油打發至7分發泡，在4裡面擠1cm左右高度。
6 將混合好的黃豆粉和素焚糖完全裹上2的蕨餅（e），放10塊左右進入5。
7 配上黑糖蜜。

黑糖蜜 加工黑糖 素焚糖

素焚糖與黑糖的蕨餅

這是一道徹底用上含蜜糖的日式甜點。加入黑糖蜜的蕨餅，裹上滿滿的素焚糖黃豆粉，還有鮮奶油和黑糖蜜。黑糖蜜最好另外盛裝，等要吃的前一刻再淋上去。

●材料　直徑6.5㎝×高3㎝
半圓形矽膠模具48個

紅豆醬

紅豆泥 …… 480g
黑糖寒天醬（→如下）…… 50g
玉米粉 …… 24g

抹茶麵糊

全蛋 …… 300g
蛋白 …… 128g
糖粉 …… 180g
素焚糖 …… 100g
鹽 …… 3g
黑糖寒天醬（→如下）…… 13g
杏仁粉 …… 300g
抹茶 …… 12g
熱水 …… 50g
低筋麵粉 …… 60g
融化的奶油 …… 150g

黑糖寒天醬 容易製作的分量

加工黑糖 …… 100g
寒天（Le Kanten Ultra）…… 7g
水 …… 100g

事前準備

- 將黑糖寒天醬所有材料混合煮沸，放進冰箱冷藏一晚。用攪拌棒攪拌成膏狀。放在冰箱冷藏可以保存2星期。

紅豆醬

1 把紅豆泥、黑糖寒天醬和玉米粉混合攪拌（a）。

抹茶麵糊

2 在調理盆內放入全蛋、蛋白、糖粉、素焚糖、鹽和黑糖寒天醬，加溫至人體體溫溶解砂糖（b）。
3 加入杏仁粉，用打蛋器打發到變白為止（c）。
4 用熱水沖泡抹茶，充分泡出香氣之後加進3（d）。
5 加進低筋麵粉攪拌（e），再加進融化的奶油攪拌均勻（f）。

組合

6 在模具裡擠11g紅豆醬（g），再擠25g抹茶麵糊（h）。
7 以170度烤箱烤25分鐘左右。

a b c d e f g h

素焚糖 加工黑糖

日本之魂

運用日式材料的黑糖、紅豆、抹茶以及寒天製成的小蛋糕。黑糖的香甜凸顯了日式材料的味道，也順利將之整合。「黑糖寒天醬」可以當成很好的加工材料多做一點隨時備用。透過將加工黑糖煮成為膏狀，克服它難以溶解的特性，這樣就能隨時隨地輕輕鬆鬆地加進奶油或麵糊裡了。

●**材料　直徑9㎝×高5㎝**
小烤杯11個

黑糖舒芙蕾麵糊
蛋黃……45g
低筋麵粉……27g
牛奶……275g
加工黑糖……55g
蛋白……180g
細白糖……50g

抹茶舒芙蕾麵糊
蛋黃……42g
素焚糖……50g
低筋麵粉……25g
抹茶……8g
素焚糖……25g
牛奶……260g
蛋白……180g
細白糖……50g

完工
大納言紅豆……1個10顆

事前準備
● 在小烤杯裡厚厚抹上一層軟膏狀的奶油（未列入材料清單），再裹上素焚糖（未列入材料清單）。

黑糖舒芙蕾麵糊

1 將蛋黃和低筋麵粉攪拌均勻。
2 把牛奶和加工黑糖混合煮沸，加進1。過濾後移回鍋內，依照卡士達醬的要領熬煮（a）。放置冷卻後，裝出360g。準備到這裡為止。

抹茶舒芙蕾麵糊

3 將蛋黃、素焚糖和低筋麵粉攪拌均勻。
4 將抹茶和素焚糖攪拌均勻，把煮沸的牛奶加進去。
5 接下來的步驟和黑糖舒芙蕾一樣（b），裝出350g。準備到這裡為止。

完工

6 把黑糖舒芙蕾麵糊的蛋白以及抹茶舒芙蕾麵糊的蛋白，和它們各自的細白糖一起打到硬性發泡，製作尖角挺立的蛋白霜。
7 把2的黑糖舒芙蕾麵糊和5的抹茶舒芙蕾麵糊各自重新加熱至人體體溫，攪拌到表面變得光滑，然後把6的蛋白霜各加1勺進去，加2次，用矽膠刮刀仔細攪拌均勻，最後再把剩下的蛋白霜加進去，像是從底部往上翻一樣仔細攪拌（c.d）。
8 把7的抹茶舒芙蕾麵糊擠進小烤杯（e），放入大納言紅豆（f）。然後再擠入黑糖舒芙蕾麵糊（g）。
9 以180度烤箱烤10分鐘左右。

加工黑糖 素焚糖

和風雙色舒芙蕾

黑糖與抹茶的雙層構造，中間加入大納言紅豆的豪華舒芙蕾。黑糖舒芙蕾使用了加工黑糖，抹茶舒芙蕾使用了素焚糖，讓味道層次出現多重變化。

砂糖對於人類社會的活性化有著極大貢獻

池谷裕二　藥學博士・東京大學藥學系教授

原始微生物也最喜歡砂糖的甜味

砂糖對人類來說是最基本的營養來源。由於糖分的分解效率最高，所以生命體為了維持生命，會積極選擇糖類為營養素並加以攝取。細胞構造也被打造成比較適合攝取糖類。

當砂糖從口腔進入體內，馬上就會被消化系統吸收，送往腦部。化為營養的糖類抵達腦部這個過程，據說會給予人們心理上的快感。當然舌頭感受到的甜味也能帶來快感，不過最根本的來源還是「腦部感受到了」。

所以說甜味不是用舌頭感受，而是用大腦感受的。

甜味，在五種味覺當中也是最為原始單一的一種。即使是微生物，也具有能夠敏銳感受到營養來源、也就是糖分的細胞天線。這在進化過程當中，進化成舌頭上能夠感受到甜味的味蕾受體。我們都是透過舌頭上的味蕾受體感覺甜味或鮮味的。

在實驗室裡，有人試過把白老鼠舌頭上的甜味受體切除，讓牠成為一隻完全感受不到甜味的老鼠。然而令人驚訝的是，儘管已經沒有甜味受體，老鼠依然喜歡吃砂糖。換句話說，不是因為味道甜所以喜歡吃，而是因為作為基本營養來源，大腦本能地渴望糖分的關係。

明明喜歡砂糖到這種地步，為什麼要對砂糖敬而遠之？人類有種傾向，就是把刻意壓抑本能上的快樂這件事當成美德。雖然過度攝取的確對身體有害，這是事實無誤，可是只要適量攝取，就不會產生任何問題。更正確來說，適量攝取才是維持健康所必須的。

然而「砂糖不可取」之風依舊，喜歡吃甜食的人處處遭人白眼。像這樣把砂糖捏造成壞人，藉此彰顯自己是個有道德又能自制的人，這種作法叫做「sweet talk」。不過就是偏離本質的自我陶醉罷了。反過來說，砂糖能成為「愛得越深，就越是恨之入骨」的對象，其實也反映了它對人類到底有多麼重要。

我們每一個人，只要誠實傾聽自己的心聲，就會知道身體其實渴望著砂糖。吃下甜食，身體的疲勞就會消失，心情就回平復，內心會感到幸福。所有人都想吃甜的東西。明明就是因為有需求，這世界上才會有這麼多的甜點店，至於「能夠忍耐不吃甜食的我好厲害」這個想法的存在本身，應該可說是某種不夠率直的立場吧。

池谷裕二

生於1970年。藥學博士。東京大學藥學系教授。專攻神經科學與藥理學，主要研究海馬與大腦皮質的可能發展。著有許多介紹腦科學知識的科普書籍。

腦部的砂糖不足會造成「自我消耗」

到了下午，工作或唸書讓人疲倦，忍不住想吃點甜食，或是在咖啡、紅茶裡加糖。

若是打著厭惡砂糖的旗幟堅持拒絕大腦和身體的這些要求，從科學的角度來看，我們知道這其實是錯誤的。

各位可能會感到很意外，人類的精神力和自制力其實和體力十分類似，是一種有限的資源。過度使用身體會感到疲勞，過度使用精神力也同樣會造成消耗，導致暫時匱乏。而結果就是造成喪失自制力，這種狀況稱為「自我消耗」。

疲勞的時候容易煩躁遷怒別人，道德感降低隨口撒謊，忍耐不做某件事導致其他事情忍不下來，或者是做不出冷靜的判斷等。

諸如此類的自我消耗，都是因為大腦養分，也就是糖類不足所引起的。所以只要攝取吸收速度最快的砂糖，就可以迅速恢復。

年紀越輕的人，出現自我消耗的傾向越強，不過有趣的是，越年輕的人喝咖啡越不喜歡加糖。因為他們覺得喝黑咖啡比較帥氣。年輕女性的減肥也一樣。是否曾發生過減肥途中容易動怒，身心變得不穩定的情況呢？這是因為長期不攝取砂糖，導致自我消耗惡化的關係。

砂糖會成為大腦的能量，能使腦部機能活性化。確實理解這一點是很重要的。根據我們研究室的實驗結果，糖分可引發「長期增益效應(LTP)」使神經元突觸的聯繫持久增強，提高記憶能力。過去大家都知道的經驗談：想專心工作或唸書的時候可以攝取葡萄糖，如今獲得了科學的驗證。

此外，也有許多相關報告指出發生山難或震災的時候，常有人因為一顆糖果或一片巧克力而撿回一命。攝取砂糖除了可以在陷入緊急情況時獲得營養，同時也能讓人做出正確的判斷，或是採取正確的行動。

砂糖具有讓人心變寬容，並壓抑攻擊性的力量，這一點已經獲得證實。透過攝取砂糖，促使大腦活性化，讓人生與人際關係也隨之活絡，社會順暢循環。砂糖可說是為人類社會帶來幸福不遺餘力的萬能食品。

所以我認為，將砂糖用在商品當中的甜點師傅的工作是「可以對客人的大腦進行直接作用的工作」。

含蜜糖製的糖果餅乾

Recipe：菅又亮輔 [Ryoura]

●材料　13個

素焚糖蛋白霜

蛋白 ………… 100g
A ┌素焚糖 ………… 50g
A 加工黑糖 ………… 50g
A └乾燥蛋白粉 ………… 4g
素焚糖 ………… 50g
加工黑糖 ………… 50g
杏仁碎（8等分切塊） ………… 20g
素焚糖1：糖粉1

黑糖奶油

鮮奶油（乳脂肪含量47%）… 440g
卡士達醬 ………… 80g
（→P16）
黑糖蜜 ………… 16g
橘皮果醬 ………… 48g

榛果 ………… 適量
橙皮 ………… 適量

事前準備

● 將榛果以160度烤箱烘烤約10分鐘左右。

素焚糖蛋白霜

1. 在攪拌機調理盆（加裝打蛋頭）內放入蛋白，以高速打發。等開始出現氣泡（a），就把事先混合的A加進去，繼續打發（b）。這樣就能打出紮實細密的氣泡，做出尖角挺立的蛋白霜（c）。
2. 把素焚糖、加工黑糖和杏仁碎加進去，用矽膠刮刀攪拌至分布均勻（d.e）。
3. 裝進擠花嘴為直徑15㎜圓形的擠花袋裡，在鐵盤上擠出長徑6㎝左右稍薄的橢圓形麵糊（f）。
4. 將素焚糖和糖粉混合，用濾茶器篩2次（g）。以120度烤箱烤2個半小時～3小時進行烘乾（h）。

黑糖奶油

5. 將鮮奶油打發，把卡士達醬、黑糖蜜和橘皮果醬加進去，攪拌均勻（i）。裝進擠花嘴為10切口直徑6㎜星形的擠花袋裡。

完工

6. 把5的黑糖奶油擠在4的素焚糖蛋白霜上，用另一塊夾起來（j）。
7. 擠少許的5在小盤子上當成黏膠，把6立在上面。上面也擠上5，再放上橙皮和烤過的榛果裝飾。

素焚糖 加工黑糖 黑糖蜜

素焚糖與柳橙的奶油蛋白霜

用素焚糖與加工黑糖做成的烤蛋白霜，夾著散發黑糖香氣的奶油，再加上與含蜜糖十分搭配的柳橙。其中的小技巧就是先打發蛋白霜，然後才加入素焚糖、加工黑糖和杏仁碎，使蛋白霜的氣泡始終維持在最佳狀態。反過來利用加工黑糖不好溶解的特性，刻意留下未溶解的加工黑糖，製造口感上的層次起伏。

Recipe：菊地賢一［レザネフォール］

鮮奶油蛋白霜 棕糖

這是作法更簡單的另一種奶油蛋白霜。在蛋白150g和乾燥蛋白粉當中，分次少量加入細白糖150g，做出紮實有彈性的蛋白霜，然後加進棕糖150g和香草豆莢1/3～1/2根，用矽膠刮刀攪拌均勻。用星形擠花嘴擠出來，以130度烤箱烤40分鐘左右，待冷卻後夾進鮮奶油霜。如果需要長時間擺放在展示櫃裡，可在烤蛋白霜的底面薄塗一層融化的牛奶巧克力，避免吸走鮮奶油霜的水分。

Recipe：西園誠一郎 [Seiichiro, Nishizono]

黑糖蜜 **素焚糖**

黑糖口味牛軋糖

彈牙的口感，鬆鬆軟軟彷彿整塊散開似的牛軋糖。將黑糖蜜和素焚糖各自熬煮至所需溫度，倒入已經打發的蛋白裡就能完成。含在嘴裡就能感受到濃濃的香氣和穩重的甘甜擴散開來。這股滋味，與無花果、杏桃等味道濃厚香甜的半乾燥水果相當搭配。雖然沿用了南法運用蜂蜜和砂糖製作傳統糖果：蒙特利馬爾牛軋糖的技術，不過只要把糖改成含蜜糖，就可以變成小孩子的點心，也可以讓年長的客人也能感受到懷念之情，人氣高漲的砂糖點心。

●材料　44個

冷凍蛋白	50g
黑糖蜜	150g
素焚糖	350g
水	100g
核桃	395g
半乾燥無花果	90g
半乾燥杏桃	90g

事前準備

- 將核桃直向切碎，以150度烤箱烘烤18分鐘左右。
- 將半乾燥無花果和半乾燥杏桃切成3mm小塊（大概和核桃一樣大）。
- 撒上防沾黏麵粉，將等比例的玉米粉和糖粉過篩混合。

1. 在攪拌機調理盆（加裝打蛋頭）內放入冷凍蛋白，稍微打發至起泡。
2. 把黑糖蜜加熱至124度。
3. 加熱2的同時，把素焚糖和水混合加熱至153度。
4. 等2的黑糖蜜升到124度，就倒進1的蛋白裡，繼續打發。
5. 隨後等3的素焚糖糖將升到153度，一邊持續打發4一邊倒進去。全部加進去之後，將打蛋頭換成A型頭，等冷卻至50度再開始攪拌。
6. 降到50度時，把核桃、半乾燥無花果和半乾燥杏桃加進去，攪拌。
7. 把準備好的防沾黏麵粉撒在作業台上，將6從四個方向往內摺兩次，讓所有配料分布均勻。形狀調整成長方形。
8. 在7.5cm×55cm×高1.5cm的無底烤模裡灑上大量防沾黏麵粉，把7塞進去。在常溫下靜置24小時。
9. 取下烤模，切成寬2.5cm的長條狀。

加工黑糖

可可蛋白霜棉花糖

看起來像棒棒糖零食一樣的甜點糖。中間是杏仁糖和巧克力做成的內餡，外層則是用添加了加工黑糖的瑞士蛋白霜包覆。口感就像日式點心落雁糕，輕盈而且入口即化。由於蛋白霜的氣泡裡包裹著加工黑糖的香味，所以在口中融化的同時，就能直接感受到香氣。

內餡

1 將榛果糖、杏仁糖和即溶咖啡粉混合均勻，再加入巧克力牛軋糖。

2 將可可膏、牛奶巧克力和黑巧克力混合，融化。

3 把2加進1，攪拌均勻。

4 倒進60㎝×40㎝的烤模裡，放置冷卻。

5 切成6㎝×3㎝，刺在竹籤上。

瑞士蛋白霜

6 在攪拌機調理盆（加裝打蛋頭）內放入所有材料，隔水加熱至45度（a），確實打到硬性發泡，直到冷卻（b.c）。

7 把5浸至6裡，讓整體覆蓋一層蛋白霜。等表面完全乾燥後灑上可可粉。

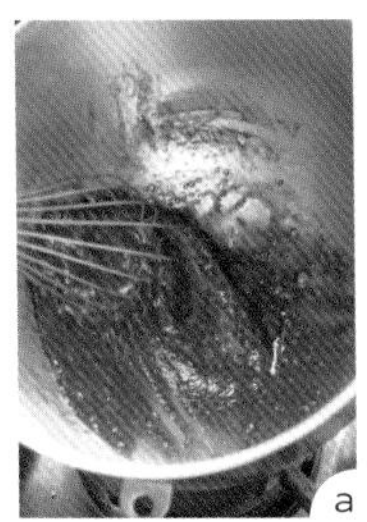
a

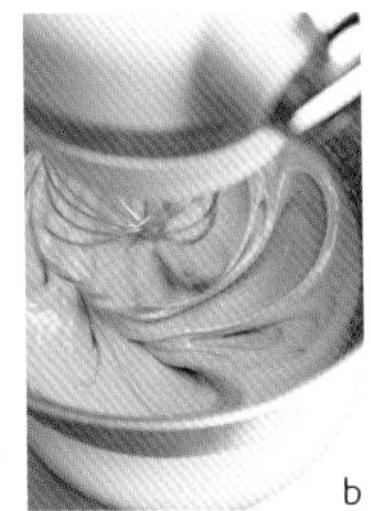
b

c

●材料　150根

內餡

榛果糖……600g
杏仁糖……400g
即溶咖啡粉……10g
巧克力牛軋糖……250g
（以翻糖300g、杏仁200g、水飴200g的比例，用滾筒研磨成膏狀。）
可可膏……50g
牛奶巧克力……15g
黑巧克力……190g

瑞士蛋白霜

蛋白……350g
加工黑糖……415g
即溶咖啡粉……10g

完工

可可粉……適量

素焚糖

素焚糖製普羅旺斯牛軋糖

原本用熬煮的糖漿和蜂蜜做成的硬牛軋糖，現在用素焚糖來製作。蜂蜜的風味和堅果十分契合，就當成是另一種普羅旺斯牛軋糖，嘗試看看吧。

棕糖

核桃鹽味糖

在充分表現蓋朗德產鹽巴的滋味的核桃表面，裹上一層擁有濃厚甜味的棕糖。不論風味或顏色都是上上之選。在糖化之後持續加熱，讓溶解的砂糖燒焦變成焦糖，製造出濃郁的香氣和酥脆的口感，這樣應該也很不錯。作為一種糖果，這樣就已經完成了，不過若是加進麵團或蛋糕裡面，也可以讓味道和口感多一道層次。

素焚糖製普羅旺斯牛軋糖

Recipe：井上佳哉[ピュイサンス]

●**材料　50個**

素焚糖	225g
蜂蜜	150g
轉化糖	10g
水	60g
杏仁	375g
糖漬櫻桃	170g
開心果	40g
威化餅	適量

事前準備

- 在60cm×40cm×高4cm的烤模底部鋪滿威化餅。

1. 將素焚糖、蜂蜜、轉化糖和水混合，加熱至148度（a）。
2. 把杏仁、糖漬櫻桃和開心果加進去，裹上糖漿。
3. 把2倒進準備好的烤模裡。
4. 上面也鋪上威化餅，弄平。
5. 等冷卻硬化之後，切成3.5cm×2cm小塊。

a

核桃鹽味糖

Recipe：井上佳哉[ピュイサンス]

●**材料　容易製作的分量**

核桃	500g
鹽（蓋朗德產鹽之花）	7g
棕糖	335g
水	75g

1. 將核桃以180度烤箱烘烤15分鐘左右，撒上鹽。
2. 把棕糖和水加熱至118度（a）
3. 把1放入銅鍋內，把2加進去攪拌均勻（b）。
4. 等所有核桃都裹上糖衣之後，開小火持續攪拌，使之糖化（c）。

a

b

c

Recipe：橫田秀夫［菓子工房オークウッド］

●材料　30人份

黑糖冰淇淋

牛奶……840g
鮮奶油……360g
加工黑糖……200g
蛋黃……260g
素焚糖……150g

榛果口味酥皮脆片

酥皮紙……1片
融化的奶油……適量
素焚糖……45g
榛果……40g

黑糖冰淇淋

1　將牛奶、鮮奶油和加工黑糖混合煮沸。
2　將蛋黃和素焚糖壓碎混合，加進1，攪拌均勻。
3　移回鍋內，開火，一邊攪拌一邊加熱到變得濃稠為止。進行過濾。
4　放置冷卻後，裝進冰淇淋機裡。

榛果口味酥皮脆片

5　把矽膠墊鋪在作業台上，把酥皮紙放上去。
6　用毛刷薄塗一層融化的奶油上去（a），整面灑滿素焚糖。
7　將切碎的榛果平均地撒上去（c）。整體噴上霧水（d）。
8　以180度烤箱烤7～8分鐘（e）。

完工

9　把8的榛果口味酥皮脆片敲碎成適當大小，放在盤子上。用稍大的湯匙將4的黑糖冰淇淋（f）挖成橄欖形，放上去，上面再放一片榛果酥皮脆片。

加工黑糖 素焚糖

素焚糖冰淇淋&榛果薄酥皮夾心

素焚糖與加工黑糖製作的冰淇淋甜味非常穩重，是一種不會吃膩的美味。搭配上面灑有素焚糖，香氣四溢、口感酥脆的酥皮薄片。

●材料　約20人份

紅糖冰淇淋
容易製作的分量

蛋黃……180g
紅糖A……160g
牛奶……500g
鮮奶油A……100g
（乳脂肪含量42%）
鮮奶油B……450g
紅糖B……150g

榛果糖

榛果……100g
紅糖……45g
水……60g

黃豆粉奶酥

奶油……85g
低筋麵粉……110g
杏仁粉……65g
細白糖……80g
紅糖……30g
黃豆粉……25g

黑糖蜜果凍

水……100g
黑糖蜜……10g
海藻酸鈉……2.5g
［水……300g
［氯化鈣……3g
黑糖蜜……適量

阿帕雷蛋奶液

全蛋……4個
紅糖……80g
牛奶……500g
鮮奶油……100g

完工

紅糖……適量

紅糖冰淇淋

1　將蛋黃和紅糖A壓碎混合，再加入煮沸的牛奶和鮮奶油A。過濾後移回鍋內，煮成安格列斯醬。冷卻後加入鮮奶油B。
2　把1放入冰淇淋機，完成後加入紅糖B攪拌均勻。

榛果糖

1　將榛果以160度烤箱烘烤15分鐘左右。
2　把紅糖和水加熱至120度。
3　把3加進去，仔細攪拌直到結晶化。

黃豆粉奶酥

4　將所有材料混合攪拌直到變成一整團。
5　擀成1cm厚，放進冰箱冷藏凝固。切成1cm骰子狀。
6　以170度烤箱烤15～20分鐘。待冷卻後打碎（a）。

黑糖蜜果凍

7　將水、黑糖蜜和海藻酸鈉混合，用攪拌棒攪拌。
8　把氯化鈣加進水裡攪拌。
9　用針筒吸取9，緩緩滴進10，使之凝固成直徑5mm的球體。
10　用撈網撈起來瀝乾，用冷水沖洗。
11　讓12裹上黑糖蜜（b）。

阿帕雷蛋奶液

12　將所有材料混合，過濾。

完工

13　將布里歐切成長方形，確實浸泡在阿帕雷蛋奶液裡（c）。在平底鍋內放入奶油（未列入材料清單）融化，煎兩面。
14　在15上面撒紅糖，用瓦斯噴槍使之焦糖化。
15　用濾茶器把紅糖篩在盤子上，在上面劃出花紋。把16裝進去，用湯匙挖一勺橄欖形的紅糖冰淇淋裝進去。撒上5的榛果糖和8的黃豆粉奶酥。最後放上13的黑糖蜜果凍。

a

b

c

紅糖布里歐　●18.5cm×7.5cm的磅蛋糕模具2個

1 將高筋麵粉280g、紅糖50g、蛋黃74g、即速乾酵母粉5g、鹽5g、牛奶104g和水30g以低速搓揉3分鐘、中速搓揉5分鐘，然後加入已經變軟的奶油154g，再用低速搓揉3分鐘、中速搓揉5分鐘，以及高速搓揉1分鐘（搓揉溫度23～24度）。2 在室溫下發酵60～90分鐘直到變成兩倍大。3 擠出氣體，放進冷藏庫靜置一晚。4 分成兩半，調整成橢圓形放進模具裡。在28～30度環境下發酵60～90分鐘。5 以200度烤箱烤25～30分鐘。

紅糖 黑糖蜜

紅糖口味法式吐司

用紅糖將法式吐司點綴得格調高雅，搭配將紅糖發揮到極致的冰淇淋、榛果糖和黃豆粉奶酥，完成了這道甜點。黑糖蜜果凍是代替淋醬放上去的。

加工黑糖　紅糖　黑糖蜜　素焚糖　糖蜜糖

砂糖大釜

含蜜糖是將甘蔗汁長時間熬煮所製作出來的，而這道甜點就是以此為概念，模擬出正在熬煮的大釜。最底部加入了滋味最為濃郁的糖蜜糖，再放入各種以加工黑糖、紅糖和黑糖蜜做成的佐料。大量的素焚糖氣泡，讓大釜裡熬煮著糖漿的情境躍然於眼前。

素焚糖

睡蓮

在餐廳用餐結束後端上桌的甜點。模擬的是浮在池塘裡的睡蓮。外觀典雅，而且充滿著素焚糖的美妙滋味。

●材料　10人份

黑糖義式奶酪

鮮奶油（乳脂肪含量42%）…500g
牛奶…260g
加工黑糖…132g
吉利丁片…8g
糖蜜糖…1盤2g

紅糖冰淇淋
容易製作的分量

蛋黃…180g
紅糖A…160g
牛奶…500g
鮮奶油A…100g
鮮奶油B…450g
紅糖B…150g

黑糖蜜冰沙

黑糖蜜…60g
水…350g

紅糖果凍

紅糖…50g
水…350g
膠凝劑（PEARLAGAR-8）…20g

黑糖蜜果凍球

A
黑糖蜜…75g
水…75g
增黏安定劑…1.2g
葡萄糖粉…4.5g

B
水…500g
氯化鈣…15g

素焚糖氣泡

素焚糖…25g
黑糖蜜…15g
水…200g
卵磷脂…1.2g

完工

糖蜜糖…適量

黑糖義式奶酪

1　將鮮奶油、牛奶和加工黑糖煮沸，關火，放入吉利丁片溶解。進行過濾，冷卻。
2　在每個容器底部放入2g糖蜜糖，然後把1倒進去。放進冰箱冷藏凝固。（a）

紅糖冰淇淋

3　依照P76「紅糖法式吐司」的步驟1～2製作（b）。

黑糖蜜冰沙

4　將材料混合後倒進淺方盤，放進冷凍庫結凍。用叉子削成冰砂狀（c）。

紅糖果凍

5　在鍋內放入所有材料，仔細攪拌均勻之後開火煮沸。
6　倒1cm高進淺方盤，冷卻凝固。切成1cm骰子狀（d）。

黑糖蜜果凍球

7　把A放進稍深的容器裡，用攪拌棒混合。放進真空調理袋抽成真空狀態，排除空氣。
8　用攪拌棒混合材料B。
9　用湯匙裝起7，滴在8裡面（e），浸泡5分鐘左右，使之成為球狀。
10　取出用冷水沖洗。

素焚糖氣泡

11　把材料放進稍深的容器裡，用攪拌棒攪拌。

完工

12　把紅糖果凍放在2上，再裝進黑糖蜜果凍球2個、黑糖蜜冰沙和紅糖冰淇淋（f），最後放上一撮糖蜜糖。
13　把水槽用的幫浦放進11的素焚糖氣泡容器裡，打出氣泡（g），大量放在12上。

a

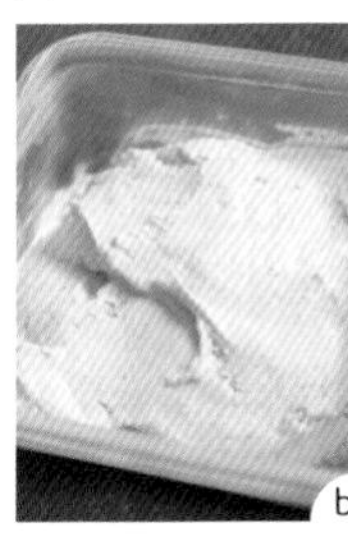
b

c

d

e

f

g

●材料　10人份

素焚糖方塊冰
容易製作的分量

材料	分量
蛋黃	3個
素焚糖	40g
鮮奶油A（乳脂肪含量42%）	125g
香草豆莢	1/4根
鮮奶油B	125g
素焚糖	適量
吉利丁片	3.5克

天竺葵果凍

材料	分量
素焚糖	20g
細白糖	10g
水	230g
玫瑰天竺葵的葉子	5g
吉利丁片	3.5g
檸檬汁	2g

顆粒果凍 容易製作的分量

材料	分量
素焚糖	10g
細白糖	40g
水	100g
海藻酸	2.3g
┌ 水	300g
└ 氯化鈣	3g

完工

材料	分量
哈密瓜	1盤6片
素焚糖	適量
櫻桃	1盤3個
金蓮花、五星花、鏡面果膠	

素焚糖方塊冰

1 將蛋黃和素焚糖壓碎混合，把煮沸的鮮奶油A和香草豆莢加進去。過濾後移回鍋內，煮成安格列斯醬。冷卻，把鮮奶油B加進去。

2 倒1.5cm高進淺方盤，以150度烤箱隔水烘烤50～60分鐘。放進冰箱冷藏。

3 表面撒上素焚糖，用瓦斯噴槍烤成焦糖。

4 把3放進食物調理機，打成膏狀。

5 移至鍋內開火加熱，放入吉利丁片溶解。

6 再次倒進淺方盤之類的容器，放進冰箱冷藏凝固。配合櫻桃籽的大小切成小塊（a）。

天竺葵果凍

7 將素焚糖、細白糖和水煮沸，把玫瑰天竺葵的葉子撕碎丟進去。蓋上蓋子放置15分鐘，使香味轉移。

8 把吉利丁片和檸檬汁加進去。

9 過濾，冷卻凝固。攪散了使用（b）。

顆粒果凍

10 把素焚糖、細白糖和水煮沸，做成糖漿。

11 把海藻酸加進10，用攪拌棒攪拌。

12 將水和氯化鈣混合。

13 用針筒吸取11，一滴一滴地滴進12裡，做成球狀的果凍。撈起來瀝乾，用水沖洗。

完工

14 將哈密瓜切片，挖出直徑2cm圓形果肉。用濾茶器篩上素焚糖，放置一陣子（c.d）。

15 取出櫻桃籽，再把6的素焚糖方塊冰塞進去（e）。

16 把9的天竺葵果凍裝盤。放上14、15、金蓮花、五星花和13的顆粒果凍。在金蓮花上擠出如同水滴的鏡面果膠。

a

b

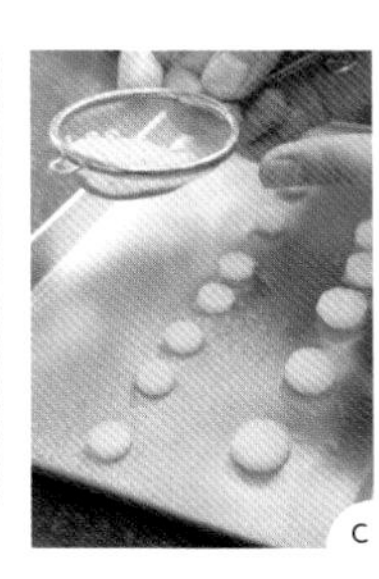
c

d

e

Recipe：橫田秀夫
[菓子工房オークウッド]

素焚糖　黑糖蜜

椰子口味義式奶酪佐黑糖蜜

黑糖蜜有著適當的濃稠度，可以直接當成淋醬使用。與味道十分契合的堅果類搭配做成義式奶酪，加上芒果和椰果，完成一道適合熱帶風情咖啡廳的甜點。

●材料　6人份

義式奶酪

材料	份量
牛奶	240g
鮮奶油（乳脂肪含量38%）	100g
香草豆莢	1/2根
吉利丁片	6g
椰子泥	200g
素焚糖	60g

完工

材料	份量
芒果	1盤／3塊
椰果	1盤／3個
核桃	1盤／1個
黑糖蜜	1盤／20g

義式奶酪

1　將牛奶、鮮奶油和香草豆莢混合煮沸，加進吉利丁溶解。
2　把椰子泥和素焚糖加進去攪拌，過濾。
3　讓調理盆接觸冰水冷卻，直到開始變濃稠。裝進直徑5.5cm×高4cm的布丁模具裡，放進冷藏庫冷卻凝固（a）

完工

4　把3泡入熱水裡，取走模具，裝盤。
5　加上芒果、椰果和打碎的核桃，淋上黑糖蜜。

第2章

砂糖與含蜜糖的魅力[知識篇]

木村成克　大東製糖株式會社 代表取締役社長

1. 砂糖的分類

砂糖有許多的種類，其特徵和製作甜點的物理特性也各有不同。各位平常會使用幾種砂糖呢？若能確實分辨砂糖種類，製作甜點的可能領域就會變得更寬廣。

砂糖根據製造方法，可分為「含蜜糖」和「分蜜糖」兩大類。另外也會根據甘蔗、甜菜等不同原料而有所差異。本書雖然以「含蜜糖」為主題，不過為了讓砂糖更廣為人知，讓甜點師在製作甜點時更有利，本章節內容設定為可以展望所有砂糖種類。

含蜜糖				① 黑糖（黑砂糖） ② 加工黑糖 ③ 紅糖 ④ 楓糖
含蜜糖	其他			⑤ 素焚糖 ⑥ 糖蜜糖 ⑦ 細蔗糖（法國鸚鵡牌）
分蜜糖	粗糖	精製糖	雙目糖 （Hard Sugar） 結晶較大的砂糖。	① 白雙糖 ② 中雙糖 ③ 細白糖
分蜜糖	粗糖	精製糖	車糖 （Soft Sugar） 結晶較小而且濕潤的砂糖。	④ 上白糖 ⑤ 三溫糖
分蜜糖	粗糖	精製糖	加工糖 以雙目糖為材料，經過二次成型、再結晶等加工製成的砂糖。	⑥ 冰糖 ⑦ 方糖 ⑧ 顆粒糖 （Frost Sugar） ⑨ 粉砂糖（糖粉） ⑩ 咖啡糖
分蜜糖	粗糖	精製糖	⑪ 和三盆糖	
分蜜糖	粗糖	精製糖	液態糖	⑫ 蔗糖液態糖 ⑬ 轉化液態糖
分蜜糖	耕地白糖 由產地直接生產的白砂糖。			⑭ 甜菜白糖 （甜菜糖）

含蜜糖

① 黑糖（黑砂糖） →P5	對甘蔗原汁進行中和、沉澱等手續去除雜質，在煮沸濃縮後未進行糖蜜的分離加工動作，冷卻而成的砂糖。呈現固體或粉末狀。 ▶特徵是保留了直接熬煮甘蔗原汁的濃厚甜味與強烈的風味。經常用於製作花林糖、便宜點心、蒸麵包和黑糖蜜等等。

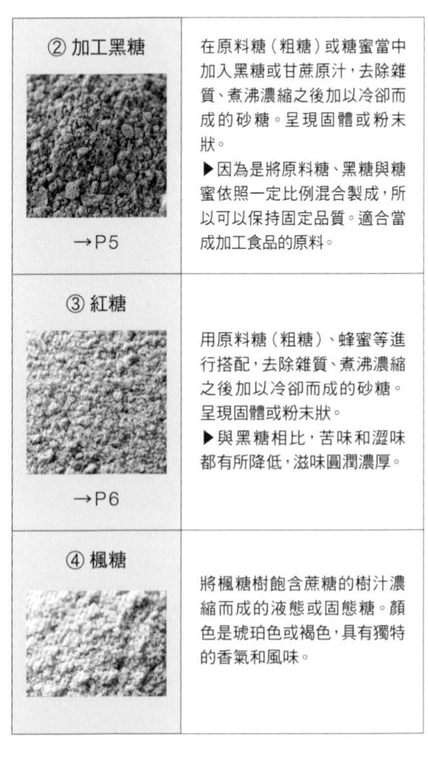

② 加工黑糖 →P5	在原料糖（粗糖）或糖蜜當中加入黑糖或甘蔗原汁，去除雜質、煮沸濃縮之後加以冷卻而成的砂糖。呈現固體或粉末狀。 ▶因為是將原料糖、黑糖與糖蜜依照一定比例混合製成，所以可以保持固定品質。適合當成加工食品的原料。
③ 紅糖 →P6	用原料糖（粗糖）、蜂蜜等進行搭配，去除雜質、煮沸濃縮之後加以冷卻而成的砂糖。呈現固體或粉末狀。 ▶與黑糖相比，苦味和澀味都有所降低，滋味圓潤濃厚。
④ 楓糖	將楓糖樹飽含蔗糖的樹汁濃縮而成的液態或固態糖。顏色是琥珀色或褐色，具有獨特的香氣和風味。

其他含蜜糖

⑤ 素焚糖 →P5	只使用日本奄美諸島產的甘蔗原料，充分展現甘蔗原本的風味與味道的淡淡琥珀色砂糖。 ▶特徵是甜味輕柔，不論是料理、甜點、咖啡、紅茶，用途不拘，可以廣泛使用。
⑥ 糖蜜糖 →P6	甜味當中包含獨特的苦味與酸味，非常濕潤的深咖啡色砂糖。製造過程中將砂糖煮焦所產生的滋味就是最大的特徵。 ▶可用於製作瑪芬或餅乾等。
⑦ 細蔗糖	由甘蔗製成的未精製砂糖。 ▶經常用來製作法式烤布蕾等甜點的焦糖部分。

分蜜糖

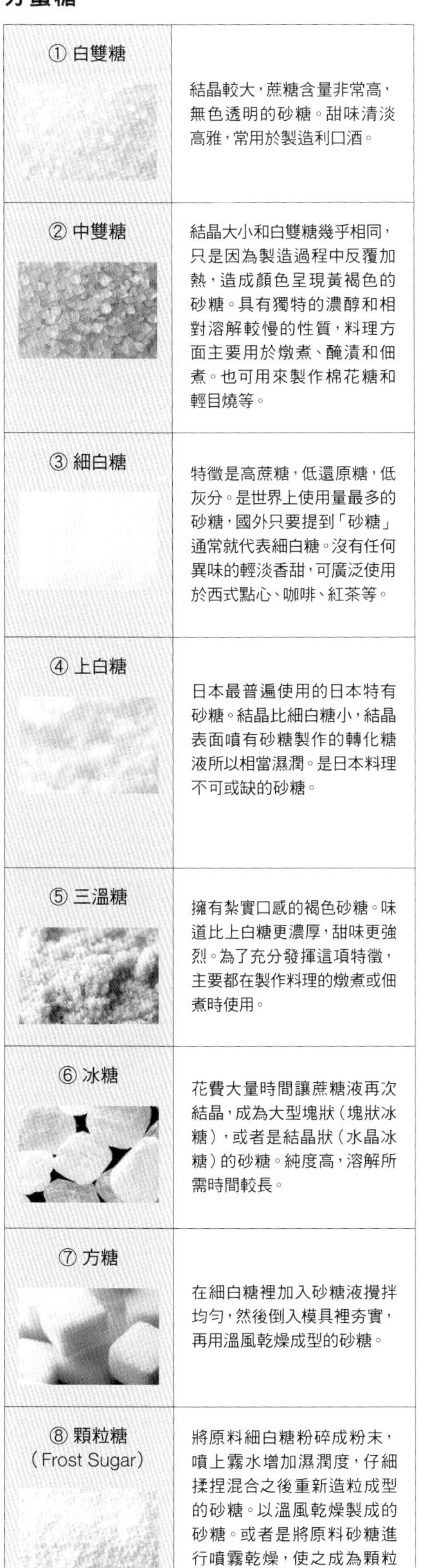

① 白雙糖	結晶較大，蔗糖含量非常高，無色透明的砂糖。甜味清淡高雅，常用於製造利口酒。
② 中雙糖	結晶大小和白雙糖幾乎相同，只是因為製造過程中反覆加熱，造成顏色呈現黃褐色的砂糖。具有獨特的濃醇和相對溶解較慢的性質，料理方面主要用於燉煮、醃漬和佃煮。也可用來製作棉花糖和輕目燒等。
③ 細白糖	特徵是高蔗糖，低還原糖，低灰分。是世界上使用量最多的砂糖，國外只要提到「砂糖」通常就代表細白糖。沒有任何異味的輕淡香甜，可廣泛使用於西式點心、咖啡、紅茶等。
④ 上白糖	日本最普遍使用的日本特有砂糖。結晶比細白糖小，結晶表面噴有砂糖製作的轉化糖液所以相當濕潤。是日本料理不可或缺的砂糖。
⑤ 三溫糖	擁有紮實口感的褐色砂糖。味道比上白糖更濃厚，甜味更強烈。為了充分發揮這項特徵，主要都在製作料理的燉煮或佃煮時使用。
⑥ 冰糖	花費大量時間讓蔗糖液再次結晶，成為大型塊狀（塊狀冰糖），或者是結晶狀（水晶冰糖）的砂糖。純度高，溶解所需時間較長。
⑦ 方糖	在細白糖裡加入砂糖液攪拌均勻，然後倒入模具裡夯實，再用溫風乾燥成型的砂糖。
⑧ 顆粒糖（Frost Sugar）	將原料細白糖粉碎成粉末，噴上霧水增加濕潤度，仔細揉捏混合之後重新造粒成型的砂糖。以溫風乾燥製成的砂糖。或者是將原料砂糖進行噴霧乾燥，使之成為顆粒狀。

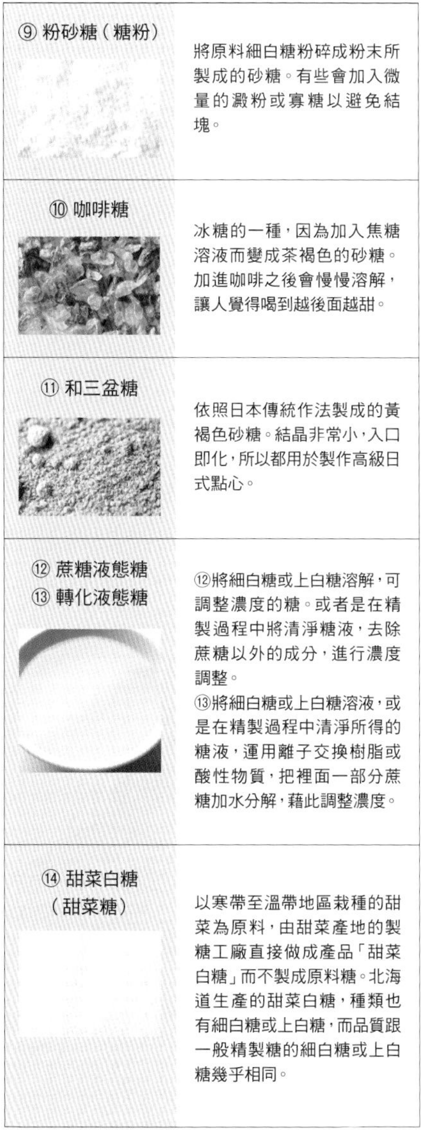

⑨ 粉砂糖（糖粉）	將原料細白糖粉碎成粉末所製成的砂糖。有些會加入微量的澱粉或寡糖以避免結塊。
⑩ 咖啡糖	冰糖的一種，因為加入焦糖溶液而變成茶褐色的砂糖。加進咖啡之後會慢慢溶解，讓人覺得喝到越後面越甜。
⑪ 和三盆糖	依照日本傳統作法製成的黃褐色砂糖。結晶非常小，入口即化，所以都用於製作高級日式點心。
⑫ 蔗糖液態糖 ⑬ 轉化液態糖	⑫將細白糖或上白糖溶解，可調整濃度的糖。或者是在精製過程中將清淨糖液，去除蔗糖以外的成分，進行濃度調整。 ⑬將細白糖或上白糖溶液，或是在精製過程中清淨所得的糖液，運用離子交換樹脂或酸性物質，把裡面一部分蔗糖加水分解，藉此調整濃度。
⑭ 甜菜白糖（甜菜糖）	以寒帶至溫帶地區栽種的甜菜為原料，由甜菜產地的製糖工廠直接做成產品「甜菜白糖」而不製成原料糖。北海道生產的甜菜白糖，種類也有細白糖或上白糖，而品質跟一般精製糖的細白糖或上白糖幾乎相同。

※「棕糖」一般來說是茶色砂糖的總稱。根據產品種類不同，含蜜糖與分蜜糖都包括在內。

〈參考資料〉
日本黑砂糖協會
科學砂糖會　砂糖的知識
財團法人糖業協會　精糖工業會　砂糖百科（2003年3月）
精糖工業會　砂糖的「消費者應對手冊」（2009年3月）
松林孝至　砂糖辭典（2009年8月）
消費者廳食品表示課　關於食品內容物標示的Q＆A（2010年3月）

2 何謂砂糖

砂糖的特徵不只是甜而已。從零開始了解砂糖到底是什麼樣的食品吧。

砂糖，是一種甜味物質（調味料），主要成分是採自於植物的「蔗糖」（sucrose）。

砂糖的成分？

- 大部分是蔗糖（細白糖100%、上白糖約98%、加工黑糖約90%、黑糖約80%）。
- 其他可視為主要成分的還有還原糖（葡萄糖、果糖）和水分。
- 至於含蜜糖（黑糖、加工黑糖、紅糖）還包含了許多微量成分，例如礦物質、香氣成分和色素成分（如酵素）。

一般名稱	蔗糖	還原糖 （葡萄糖、果糖）	水分	其他
細白糖	100.0%	0.0%	0.0%	0.0%
上白糖	97.7%	1.5%	0.8%	0.0%
紅糖	93.0%	3.5% （包含其他糖類）	2.5%	灰分：0.7%、 蛋白質：0.3%
加工黑糖	90.0%	5.2% （包含其他糖類）	3.0%	灰分：1.3%、 蛋白質：0.5%
黑糖（黑砂糖）	80.0%	9.7% （包含其他糖類）	5.0%	灰分：3.6%、 蛋白質：1.7%

【表：根據砂糖成分比例的推算值】

砂糖的「化學」性質

- 是葡萄糖和果糖縮合（從2個氫氧基(-OH)中除去1個水分子(H_2O)，留下-O-：α1-2糖苷鍵）而成的雙醣。
- 葡萄糖和果糖當中都含有反應性較高的部分（還原性基團），但蔗糖的結構是從兩者的還原性基團當中脫水縮合而成。蔗糖沒有還原性基團，所以和葡萄糖等還原糖相比，遇上胺基酸等物質時會更穩定。意思是比較不容易引起梅納反應。
- 蔗糖的分子周圍有8個氫氧基(-OH)，所以和水分子(H_2O：H-O-H)非常合得來。意思是親水性高。
- 砂糖是中性物質。而且砂糖溶液不導電（因為是非電解質）。
- 加熱後分解會出現褐色～黑色的變化。

砂糖是葡萄糖和果糖的結合體

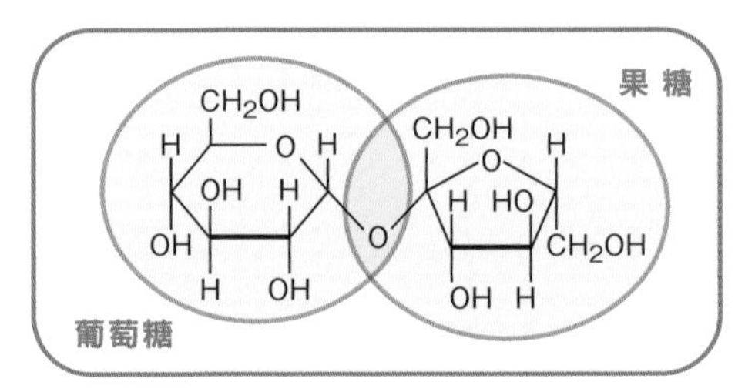

【圖：砂糖的化學結構】

砂糖會因為熬煮溫度而出現色調變化，190度時會變成焦糖。

溫度		調理名稱
103～105℃		糖漿
107～115℃		翻糖
115～121℃		牛奶糖
140℃		太妃糖
145℃		水果糖球
165℃		鼈甲飴
165～180℃		焦糖醬
190℃		焦糖

※200度以上會炭化。

【表：加熱溫度與砂糖的色調變化】
（參考文獻）科學砂糖會：砂糖的知識，P8，2005。

砂糖的「物理」性質

- 蔗糖的結晶是無色透明的結晶。看起來之所以呈現白色，是投射在結晶表面的光線亂反射所造成的。
- 蔗糖極易溶於水。20度100g的水可以溶化196.9g的蔗糖。溶解度會受到水溫影響。
- 砂糖很難溶於酒精（乙醇）（溫度17.5度的95%乙醇，當中的飽和濃度為0.15%）。

砂糖易溶於水，且溶解程度會隨溫度的上升而增加。

溫度	10℃	30℃	50℃	70℃	90℃
飽和溶液100g當中的蔗糖量(g)	65.3	68.2	72.1	76.5	81.0

【表：蔗糖相對於水的溶解度】
（參考文獻）精糖技術研究會：精糖便覽，增訂版，p.542，1962。

砂糖的「生物」性質

- 蔗糖的起源：蔗糖是植物透過光合作用所形成，和澱粉一樣，都是植物本身的營養來源。然而不同於澱粉的地方在於蔗糖有甜味，可以直接轉化成營養。舉凡菠菜、豆類（如毛豆）和玉米的甜味來源都是蔗糖。
- 發酵性：對微生物來說，蔗糖是非常容易取用的營養來源，從一般活菌、酵母以至於黴菌等各種微生物，都能以蔗糖作為營養。
- 高濃度蔗糖溶液的水分子活性極低，所以可以抑制維生素繁殖（→P96「防止腐敗」）。

3 原料是什麼？

砂糖的主要原料是甘蔗和甜菜。它們到底是什麼樣的植物，又是在什麼地區、用什麼方式栽種的呢？

砂糖的原料有甘蔗、甜菜、楓糖樹和砂糖椰子等植物。

基於可以在栽培地大量栽種生產，以及可以高效率地抽取主要成分蔗糖這兩大條件，砂糖主要是利用甘蔗和甜菜製造出來的。

日本消費的砂糖當中，60%使用的是蔗糖原料。而國內原料的供應比例為甜菜85%，甘蔗15%。

甘蔗

甘蔗是禾本科植物，莖粗2.5～5cm，高度可達3m以上。喜愛高溫多雨的氣候，為熱帶植物，多種植於平均氣溫超過20度的區域。

國外主要產國有巴西、中國、巴基斯坦、墨西哥、泰國、哥倫比亞和澳洲等，日本則是大多從泰國或澳洲進口加工過的甘蔗原料糖。日本國內僅有沖繩和鹿兒島（奄美地區）有栽種。

甘蔗的生長期需要9～18個月，夏季成長，冬季（北半球為11～3月，南半球為6～12月）收成。可收成期的甘蔗，莖部位儲存著14～19%的蔗糖。

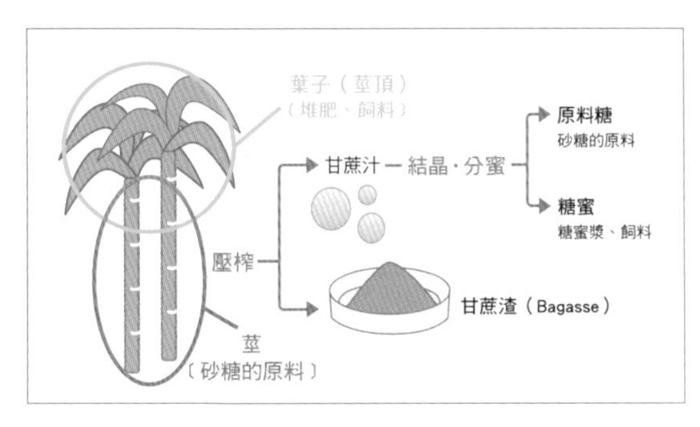

甜菜

甜菜又被稱為砂糖蘿蔔，形狀與白蘿蔔十分相似。植物學上屬於藜科（菠菜的近親），根莖直莖約為7～11cm，長度為15～20cm左右。

比較容易在相對涼爽的地區生長，國外有法國、德國和加拿大，日本則是在北海道地區大量栽種。收成期大約在10～11月，生長期需要6個月左右。可收成期的甜菜，在貌似白蘿蔔的粗壯根部內儲存著10～16%的蔗糖。

其他砂糖原料

除了甘蔗和甜菜，楓糖樹和砂糖椰子也能製造砂糖。

楓糖樹是楓樹科落葉喬木，主要分布於美國和加拿大。樹汁含有2～5%的蔗糖，熬煮濃縮之後就能做成具有獨特風味的楓糖漿和楓糖。

砂糖椰子（扇椰子、可可椰子）是棕櫚科常綠喬木，主要分布於馬來西亞和印尼一帶。樹汁當中含有15～16%的蔗糖，熬煮濃縮之後可製成深褐色的砂糖。這叫做椰糖，東南亞地區的人經常食用。

column❶ —— 人類與砂糖的關連

蔗糖的祖先（栽培種的原種）一般認為是在西元前1萬5000～8000年誕生自新幾內亞。後來被帶往印度，直到西元前400年，砂糖的相關知識已經傳遍印度各地。梵文中代表甘蔗的「Sarkara」一字也是在這段時期出現，而這個字也被視為「sugar」的語源。

至於西歐世界，則被認為是在西元前327年亞歷山大大帝遠征印度時接觸到砂糖，從此傳往中東，到了西元5～6世紀時，波斯帝國（位於現今伊朗附近）便有製造砂糖的紀錄。接著再透過11世紀後半的十字軍東征，將砂糖傳播到地中海（歐洲）諸國。

之後，在15世紀中期的大航海時代當中，甘蔗被帶往了美洲大陸（新大陸）。同一時間，西印度群島所量產的砂糖也開始大量出口到歐洲世界。

4. 砂糖所含的貴重營養

砂糖是維持身心健康不可或缺之物。特別是擁有豐富礦物質的含蜜糖。

砂糖包含在五大營養素＝醣類（碳水化合物）、脂肪、蛋白質、維生素和礦物質的其中之一・醣類當中。由於五大營養素不論缺少哪一種都會造成身體功能失調，所以必須均衡地攝取。不要被錯誤的情報所誤導，對身體來說，適度攝取砂糖是非常重要的。

含蜜糖含有什麼營養？

含蜜糖營養成分的特徵之一，就是和上白糖、細白糖等精製糖相比，它含有非常豐富的礦物質。直接濃縮甘蔗汁裡的營養成分這一點，讓含蜜糖在現代自然飲食、健康飲食的熱潮當中大受矚目。

若是比較日常使用的精製糖（上白糖）與加工黑糖的營養分，就能發現礦物質（無機質）和維生素的含量差異極為醒目，礦物質又可細分為鈣、磷、鐵、鈉、鉀等（→P32「對砂糖的致敬Ⅰ」）。

加工黑糖比上白糖和蜂蜜含有更多的礦物質（無機質）

食品名稱		加工黑糖	上白糖	蜂蜜
能量		385 kcal	384 kcal	294 kcal
		1610 kj	1607 kj	1230 kj
水分		2.5g	0.8g	20.0g
蛋白質		0.6g	0g	0.2g
脂質		0.1g	0g	0g
碳水化合物	醣類	95.6g	99.2g	79.2g
	纖維素	0g	0g	0g
	灰分	1.3g	0g	0.1g
無機質	鈣	77.6 mg	1 mg	2 mg
	磷	8.2 mg	Tr	4 mg
	鐵	1.7 mg	Tr	0.8 mg
	鈉	122 mg	1 mg	7 mg
	鉀	464 mg	2 mg	13 mg

【表：加工黑糖的營養成分以及與其它甘味料的比較】日本食品標準成分表2015年度版（第7版）

砂糖對身體和大腦都有益

大腦的能量來源，通常只有葡萄糖。

砂糖（蔗糖）是透過小腸分解、吸收，進而轉變成能量。米飯和麵類等碳水化合物雖然也能在體內轉換成葡萄糖，但砂糖的消化吸收比澱粉快，所以可以更有效率地攝取能量。

愈是用腦，葡萄糖的消耗量就愈大，尤其是成長過程當中的兒童大腦需要大量葡萄糖，所以像糖果點心這些可以快速攝取砂糖的食物，也可以當成是一種極有效的營養補給吧。

吃甜食可以放鬆心情

吃甜食可以讓心情變得輕鬆愉快。這是因為砂糖（甘味）會刺激大腦的快感中樞，使大腦分泌腦內啡的緣故。腦內啡是一種賀爾蒙，具有舒緩心情，提高疾病免疫能力的作用。此外還會分泌另一種與神經傳達有關，具有放鬆心情效果的物質，名稱是血清素。血清素是由腦內一種名叫色胺酸的胺基酸合成而來，但過程需要葡萄糖。也就是說，攝取含有色胺酸的蛋白質（肉、魚、蛋、牛奶等）以及含有葡萄糖的砂糖，可以有效地舒緩壓力。當腦內血清素不足時，不只是會感到不安、緊張，無法放鬆而已，甚至可能成為憂鬱症的起因（→P66「對砂糖的致敬 II」）。

5. 砂糖的製造過程

砂糖是由甘蔗榨出來的甘蔗汁製造而成，不過根據種類不同，製造過程也有所差異。在此舉出5種砂糖製造過程為例，以簡單好懂的圖表加以解說。

知道砂糖的製造過程，就能更輕易理解該種砂糖擁有什麼樣的特徵。甘蔗加工第1階段所製造出來的是「原料糖」。雖然從原料糖製作出來的砂糖可以再分成「含蜜糖」和「精製糖」兩種製造法，不過最大的差異其實只在於是否分離結晶糖。

以下針對「原料糖」「含蜜糖」「精製糖」，以及另一種含蜜糖「黑糖」、以甜菜為原料的「甜菜糖」等5種砂糖的製造過程進行介紹。

①原料糖的製造過程

首先用甘蔗製作所有砂糖的根本「原料糖」。

甘蔗

榨汁　將甘蔗細切，榨出甘蔗汁。

去除雜質　加入石灰並加熱，去除不純的雜質。

結晶　熬煮凝結沉澱後的汁液，在真空狀態下濃縮，製造結晶。

分離　利用離心機分離結晶和糖蜜。

原料糖　**大功告成。**

②含蜜糖的製造過程

在①的原料糖中加入糖蜜使之自然結晶，如此製造出來的就是含蜜糖。

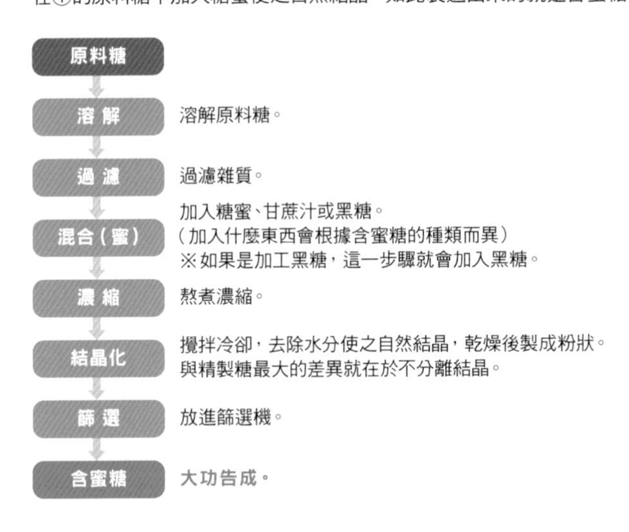

③精製糖的製造過程

以①的原料糖製成，進行結晶分離動作的就是精製糖。

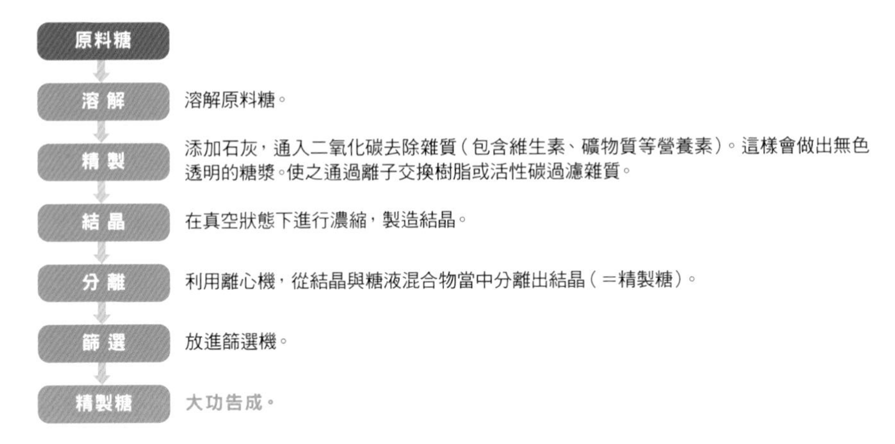

④黑糖的製造過程

將甘蔗的蔗汁熬煮濃縮而成。

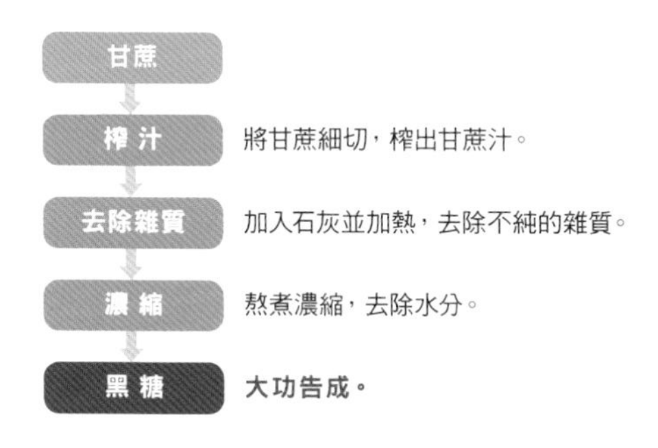

⑤甜菜糖的製造過程

由甜菜（砂糖蘿蔔）製成。

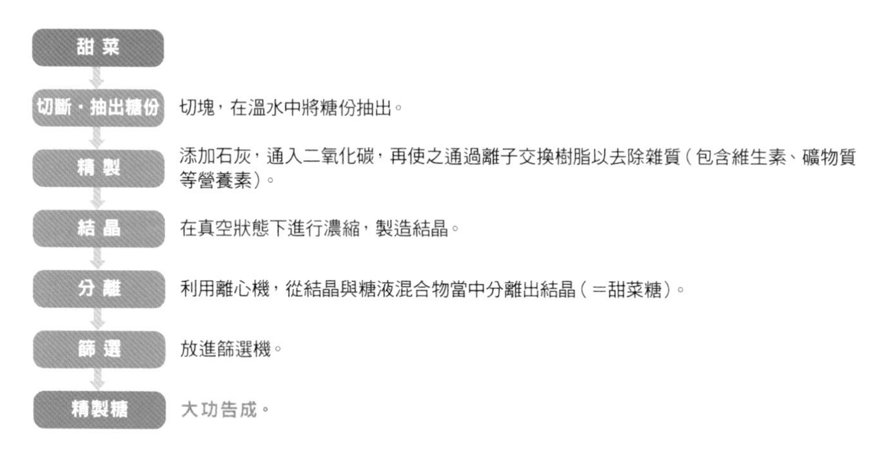

若是將上述各種砂糖的製造過程簡化，只整理其原料各自為何，結果如同下表。

製品	原料
原料糖	甘蔗
黑糖	甘蔗
精製糖	原料糖
加工黑糖	原料糖 ＋ 糖蜜 ＋ 黑糖
紅糖	原料糖 ＋ 糖蜜

【表：砂糖製品與原料的關係】

6. 砂糖深奧的甜味

雖然統稱為甜味，但還是有各種不同的種類。不同甜味的運用方式，會讓甜點的美味隨之改變。讓砂糖與其他素材結婚的嶄新想法「Sugar pairing（砂糖配對）」，也是務必想要推薦給所有甜點師的砂糖運用法。

甜度與呈味時間

在多種甜味物質當中，蔗糖是一般公認甜味品質特別好的物質。

若是將味道的感受方式依時間來劃分，可分為放進口中那一瞬間的「前味」，味道的主要部分「中味」，以及咀嚼食物之後所感受到的餘韻「後味」。

以此為基準，對甜味的品質進行分類，便可知道果糖的前味有高峰期，是甜味清爽的糖類。而葡萄糖的特徵則是後味較強烈。蔗糖介於兩者之間。這是因為不同種類的糖類，甜味的強弱（甜度）也不同，而且感受到甜味的時間長短也不一樣。

如果拿細白糖（蔗糖）這種精製糖與含蜜糖進行比較，甜度和感受到甜味的時間長短有著非常顯著的不同。若是觀察精製糖（＝「細白糖」）和含蜜糖（＝「素焚糖」「紅糖」「加工黑糖」）兩者之間甜度還有感受到甜味的時間差異，就會發現含蜜糖的甜度整體都比蔗糖低，但感受到甜味的時間有變長的傾向。

如下圖，可看出含蜜糖也會因為種類不同，讓人們在感受甜味的感受性上出現明顯特徵，然而這應該是各種含蜜糖當中，除了蔗糖以外的還原糖和礦物質等成分的含量不同所造成的影響。

含蜜糖與細白糖相比，甜度較低，呈味時間較長。

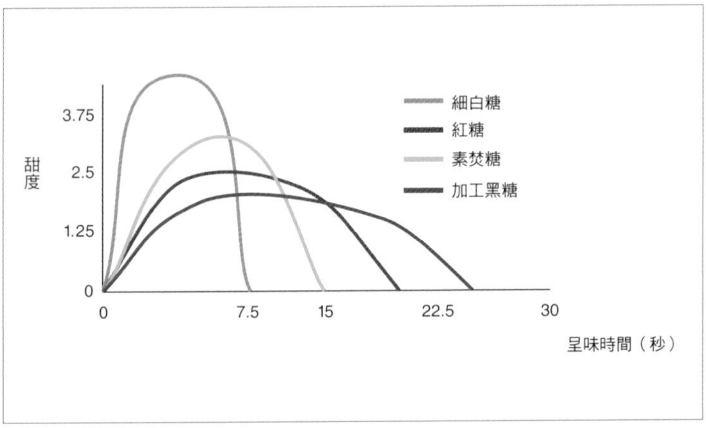

【圖：砂糖種類所造成的甜度與呈味時間的差異】

透過砂糖配對，更愉快地享用含蜜糖的美味

所謂Sugar pairing(砂糖配對)，意思是將科學式的味覺分析運用在砂糖以及與之搭配的素材上，進行挑選，藉此發現超越經驗所得的搭配。請一併參考P.7「味道到底差多少？」，嘗試看看下列的Sugar pairing吧。

※Sugar pairing是大東製糖株式會社的註冊商標。

砂糖名稱	與之相配的食材
加工黑糖	由於呈味要素強烈，後味也很強烈的關係，味道存在感十足。適合搭配葡萄乾之類的多酚感和利口酒。
素焚糖	由於味道十分均衡，Sugar pairing也是百搭。尤其適合搭配堅果類、黃豆粉等食材的澀味和濃醇。可以在無損味道的情況下，補強地瓜或南瓜等素材的甜味。
紅糖	與紅豆等食材的多酚感，以及乳製品的牛奶感相當搭配。由於後味不如加工黑糖強烈，所以味道會變得很清爽。

column❷ —— 日本的砂糖歷史

日本現存與砂糖有關的最早紀錄，是奈良時代的光明天皇所寫下的《種種藥帳》（西元756年，天平勝寶8年）。由遣唐使從中國（唐朝）帶回的說法最為有力，不過當時並不是食品而是藥物，或是當成獻給神明的祭品使用。

日本開始把砂糖當成食品，是在14世紀中葉的室町時代初期。根據當時作為庶民教育教科書所寫的《往來物》，例如《新札往來》《庭訓往來》等書中，就有砂糖饅頭和砂糖羊羹等敘述。砂糖文化漸漸滲透至庶民之間，17世紀左右時一年的砂糖交易量預計有3000～4000公噸。

日本國內的砂糖生產，一般認為是由1609年薩摩國大島郡（奄美大島）的直川智製造出黑砂糖，創下成功首例。之後，1623年儀間真常派遣使者前往中國福建學習蔗糖栽種法和製糖法，開始在琉球進行生產，後來傳到奄美諸島，還因此設立了直屬薩摩藩的黑糖專賣制。

到了江戶時代，砂糖調味已經變成普遍現象，19世紀後半的砂糖供給量約達一年1萬8000～3萬公噸。

1853年的黑船事件促使日本開國，其餘波也對砂糖造成了影響。1858年的五國通商條約制定後，英國、荷蘭、法國等國家開始經由中國和中國南海地區大量傾售便宜的砂糖，日本國內的小規模製糖產業受到嚴重打擊，最後逐漸衰退。

在這樣的背景下，明治政府於1880年在北海道紋別建立了國營甜菜製糖工場。1895年，鈴木藤三郎在東京小名木川創立了日本精製糖（現在的大日本明治製糖），這就是日本近代精糖工廠誕生的起源。

column❸ —— 世界與日本的砂糖經濟

2015年度的砂糖世界生產量約為1.8億噸，而且逐年遞增。此外每年也消費了幾乎相同的量。

砂糖的原料有8成是甘蔗，2成為甜菜，不是由這兩種原料製成的楓糖等砂糖，從比例上來看屬於少量。

由於甘蔗是熱帶性植物，主要栽種地區都在赤道附近，不過生產量會受到與消費地距離的遠近影響。甘蔗產量最高的5個國家依序為巴西、印度、中國和巴基斯坦（2015/2016年度）。

回頭看看日本。日本生產的砂糖有甘蔗糖（13萬噸）和甜菜糖（55萬噸），合計產量約為68萬噸。而國內消費的砂糖量約為200萬噸，不足的130萬噸仰賴進口。

日本每人一年的砂糖消費量為17.4kg，在先進國家當中數量最少，也比世界平均低。

每人一年的砂糖消費量

國家	瑞士	巴西	歐盟	美國	印度	日本	中國	世界平均
砂糖消費量（kg）	73.5	59.7	37.9	30.9	18.1	17.4	9.0	23.1

7. 讓點心變得更美味的砂糖機能

點心之所以缺不了砂糖，原因不只是因為甜味而已。從製成甜點方面來看，砂糖所擁有的各種機能有著絕大的優勢。

砂糖的7大機能

① 焦糖化 色
② 梅納反應 色
③ 保水性 形
改善加熱凝固性／防止澱粉老化／防止油脂氧化／
提高氣泡穩定性／防止腐壞
④ 改善風味 香
⑤ 促進發酵 形
⑥ 果膠凝膠化 形
⑦ 塑型效果 形

①焦糖化 色

砂糖加熱就會出現「焦糖化」現象，色調變化成茶色，並隨之產生濃郁的香氣。之後若是繼續加熱，就會感受到強烈的苦味，最後變成炭。

焦糖是砂糖加熱後，糖分子以其他分子之間產生化學反應，出現水解（蔗糖加水分解成葡萄糖和果糖）、脫水縮合（兩個氫氧基互相反應、結合而產生H_2O），以及排碳（產生二氧化碳）等現象，最後產生各種物質（著色成分或揮發成分）。

②梅納反應 色

蛋糕或麵包的可口焦黃色和香氣，與糖遭遇胺基酸的化學反應息息相關。胺基酸是蛋白質所構成的物質，只要是含有蛋白質的食品都含有胺基酸，種類大概有20種。

若是把砂糖（還原糖）與胺基酸一起加熱，胺基酸的胺基（$=NH_2$），和還原糖的酮基（=O）、醛基（=CHO）結合，就會產生胺羰反應，也就是所謂的梅納反應。

因梅納反應而產生的物質，大多都是受人喜愛的色素（焦黃色）或是擁有濃郁香氣的物質，就算說調理食品時進行加熱其實是為了促使梅納反應發生，也一點都不為過。順帶一提，有許多鬆餅粉都會拿葡萄糖或麥芽糖搭配砂糖製成，其實就是為了讓梅納反應更容易發生，以便讓鬆餅出現漂亮的焦黃色。

③保水性 形

若是仔細觀察糖的分子構造，就會發現分子外側有相當多的氫氧基（=OH），所以糖可以說是和水非常相配的一種物質。反過來看，糖也具有難以溶於油和酒精的特性。

糖的「親水性」之所以這麼高，是因為同時存在於水分子和糖分子當中的氧帶正電，氫帶負電，兩者因為電引力而結合（氫鍵）在一起的關係。水和糖透過電引力結合，水被糖抓住而變得難以活動。

含蜜糖和細白糖相比，保水性較高。
（加工黑糖高5倍）

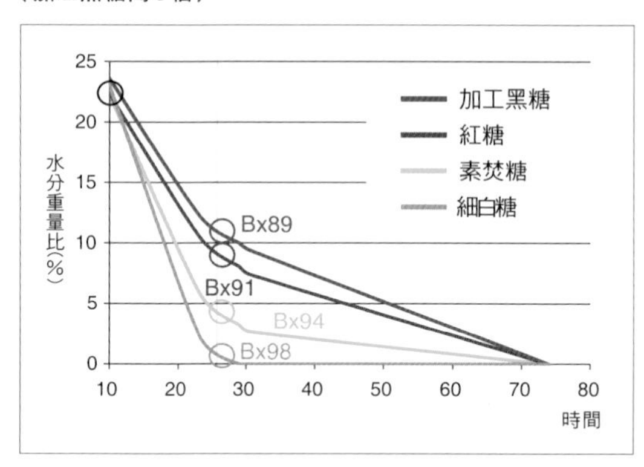

【圖：不同砂糖的水分重量經時變化】

這種讓水難以活動的性質，稱為「保水性」。目前已經確認不同種類的糖，保水性也有強弱之分。

一般來說，含蜜糖的保水度比精製糖高。與蔗糖相比，素焚糖大約是2倍，紅糖約4倍，加工黑糖約5倍。不過實際狀況依然需視砂糖的使用條件以及食品本身的保水性而定（根據大東製糖調查結果）。

砂糖的高保水機能已經應用在許多食品上。在此介紹5個基於保水性而存在的代表性機能。

●改善加熱凝固性（讓蛋白質變柔軟）

蛋白質分子是由將近20種胺基酸所構成的複雜立體結構。而且蛋白質表面聚集著許多水分子，守護著蛋白質的立體構造。

加熱蛋白質，立體構造潰散，這時會開始推擠蛋白質周圍的水分，同時收縮。蛋白質一旦收縮，之後重新冷卻也無法恢復原狀。這個現象稱為「蛋白質遇熱凝固」，烤肉時肉會縮小就是一例。如果在準備燒肉或壽喜燒材料時，把砂糖揉進肉裡再烹調，肉質就會變柔軟。這是因為肉類組織當中的蛋白質水分多了糖，使蛋白質纖維之間的水分得以維持。因為這個作用，肉類當中的水分比不用砂糖時留存了更多，所以可以烤得柔嫩美味。

此外，煎蛋的時候若是加進一點砂糖，就會變得鬆鬆軟軟。製作布丁時也可以利用砂糖的力量，烤出柔軟滑順的成品。

不加糖的布丁和加入40％的布丁，柔軟度相差5倍。
（有糖的布丁變得更柔軟）

蛋：牛奶（1:2）	砂糖	硬度
100%	0%	27.5
90%	10%	23.0
80%	20%	14.9
70%	30%	8.1
60%	40%	5.2

【表：卡士達布丁的砂糖使用量及其硬度關係表】
（參考文獻：）高田明和　等人：砂糖百科，p.315，財團法人糖業協會 等，2003。

若是拿不同砂糖對蛋白質凝固性的改善程度來進行比較，就能看出含蜜糖的改善效果較為突出。將砂糖使用量固定成15％，使用蔗糖（細白糖）和含蜜糖（素焚糖、紅糖、加工黑糖）製作布丁並比較其硬度，結果得知素焚糖比細白糖更柔軟1.4倍，紅糖1.3倍，加工黑糖1.1倍。

若是使用素焚糖，布丁柔軟度會比使用細白糖更軟1.4倍。

砂糖濃度	種類				加工黑糖
	不使用	細白糖	素焚糖	紅糖	—
0%	3.8	—	—	—	35.0
15%	—	31.6	44.7	40.0	

【表：不同砂糖所造成的布丁柔軟度（歪斜率）差異／大東製糖】
表內數字為歪斜率。測量樣品裝在模具裡的高度(a)，再測量樣品脫離模具並放置2分鐘後的高度(b)，將兩者的比率（b/a X 100）稱為歪斜率。
（參考資料）千葉大學教育學系研究紀要 第53集 381～387頁(2005) 各種卡士達布丁所使用的不同甘味料之使用量與雞蛋濃度的討論
石井克枝 岩田亞貴子

若是把米飯和糕餅的主要成分澱粉（直鏈澱粉、支鏈澱粉）和水分一起加熱，就會轉變成柔軟的糊狀，變得更容易消化吸收。另一方面，加熱過的澱粉一旦冷卻，口感就會變的鬆散乾枯，不太好吃。澱粉的這個特性叫做「老化」。

澱粉是葡萄糖的連結鍊（直鏈或支鏈）規則排列而成的結晶，不過若是放進大量水分當中加熱，澱粉結晶就會吃飽水分膨脹（膨化）。膨脹之後，溫度若是下降，則換成澱粉連結鏈周圍的水分被擠出去，最後澱粉在完全不同於原本的結構下恢復成結晶狀態，因此導致口感出現變化。 在澱粉裡加入砂糖所製成的大福外皮（求肥），砂糖可以在膨化的澱粉當中牢牢抓住水分，防止澱粉再次變回結晶狀。藉著砂糖的力量，糕餅柔軟的口感才得以保存。

●防止油脂氧化

油脂（脂肪）是由脂肪酸和甘油組成。脂肪酸可分為容易氧化的不飽和脂肪酸，以及容易氧化的飽和脂肪酸兩種，而油脂的氧化主要是因為不飽和脂肪酸與氧氣結合所造成的。油脂一旦氧化，就會產生令人不快的臭味，風味變差，而且不只是讓商品價格低落，最糟糕的情況是出現有毒物質，所以必須特別注意油脂氧化問題。

食品當中或多或少都包含水分，至於含糖的食品，裡面的砂糖是以溶化於水的狀態存在的。當水分已經溶有砂糖，氧氣就會很難再溶入水中。此外砂糖會成為食品中鎖住水分的防護欄，讓油脂（脂肪酸）難以接觸到氧氣，所以可以有效防止油脂（食品）的氧化。

●提高氣泡穩定性

製作蛋白霜時，只要加入砂糖就能做出結實而且持久的氣泡。蛋白霜的材料蛋白裡雖然含有10%的蛋白質，但其他幾乎都是水分。

能夠打出細緻綿密的氣泡，而且氣泡還能持久，這和蛋白裡的蛋白質所擁有的兩種特性息息相關。第一，是抑制水的表面張力。由於水的表面張力相當大，即使激烈攪拌，空氣也會馬上被排除，不會留下氣泡。然而若是加入可以降低表面張力的物質再進行攪拌，就能打出氣泡。第二個特性是蛋白裡的蛋白質會因為空氣而變性（結構產生變化而變硬），這可以讓氣泡變得更持久。

大家都知道在蛋白裡加入砂糖，打出來的蛋白霜會非常飽滿而穩定。這是因為砂糖的保水力壓抑了蛋白質周圍的水分的動作，所以才能讓蛋白霜的氣泡長時間存在。另一方面，砂糖其實也具有壓抑起泡性和空氣變形的作用。如果在打發蛋白霜之前，從一開始就加入大量砂糖，反而會很難打出氣泡。

此外，使用高保水性的含蜜糖製作蛋白霜時，有時會出現難以起泡的狀況。砂糖當中的水分含量差異算是原因之一。發生這種狀況時，只要把含蜜糖放在40～50度環境下2～3小時，使水分含量降到0.1%左右，就能改善起泡狀況了（大東製糖調查結果）。

●防止腐壞

砂糖即使是在常溫下保管，腐壞的可能性依然極小，對一般市售加工食品的成分標示內容做出規範的「品質標示基準」也認可砂糖無須標示食用期限（保存期限）。

同樣的，食品當中若是搭配足夠的砂糖，就能防止腐敗。

食物腐壞的主要原因，是因為細菌、黴菌等微生物滋生。微生物增加就會產生惡臭，風味變差，蛋白質和澱粉分解造成口感改變等，讓食物不再適合食用。最糟糕的狀況則是病原性的微生物產生毒素。

食品當中的水分可分成兩種。一種是和食品成分確實結合一起的「結合水」，另一種是結合性微弱的「自由水」。其中微生物滋生時可利用的水分，就只有自由水。由於砂糖具有高度保水力，糖度越高，結合水就越多，同時微生物滋生所需的水分（自由水）則是不斷減少。自由水的量，可透過「水活性」這項指標簡單測量出來。把想要檢測水活性的食品放進密閉容器，將容器空間內的相對濕度（%）除以100，所得到的數字就是「水活性」。水活性若是在0.9以下，細菌類就無法繁殖；0.8以下是黴菌和酵母（真菌類），而0.6以下，則是包含嗜滲透菌的所有微生物都無法繁殖。

若是測量砂糖的水活性，所得到結果大多都是0.7～0.6以下，足可證明黴菌等微生物確實難以繁殖。果醬和羊羹雖然含有水分，但因為添加了大量砂糖的關係，水活性被壓低，所以不必添加防腐劑也很耐放。

④改善風味（增添濃厚感・遮蔽效應・提升風味） 香

人的味覺可分為甜味、鹹味、酸味、苦味和鮮味等基本味道，只要在適當均衡下嘗到其中任何一種味覺物質，人類就會產生「好吃」的感覺。此外，若是同一時間品嘗到複數味覺物質，即便微量，也會產生「味道濃厚」的認知。

關於含蜜糖改善風味這一點，是因為含蜜糖當中包含醋酸等酸味物質，鈉、鉀等鹹味物質（刺激物質），胺基酸等鮮味物質，還有多酚等苦味物質。雖然微量，但確實包含著各種味覺物質。因此在使用時，其實是把甜味以外的微量味覺物質也一起加進去，所以可以在製作甜點和料理時輕輕鬆鬆地添加濃厚感。

此外，含蜜糖的獨特風味，也和多種揮發性物質（香氣成分）有關，所以具有壓下腥味等味道的作用。這稱為「遮蔽效應」。

⑤促進發酵 形

砂糖是製造美味麵包不可或缺的材料之一。為了把麵包麵團烤得膨鬆柔軟，砂糖佔了很大的功勞。酵母把蔗糖、葡萄糖等醣類當成營養進行發酵，但佔去麵包麵團大部分的麵粉當中，能讓酵母當成營養食用的醣類並不多，所以沒有使用砂糖的麵團，需要花費大量時間和精力才能充分發酵膨脹。這時只要把酵母的營養砂糖加進麵團，酵母就會變得活潑，短時間就能排出足夠的二氧化碳使麵包膨脹。

然而加入太多砂糖，反倒會妨礙發酵。具體來說，10％以下的糖分可以促進市面上的普通麵包酵母（乾酵母粉）順利發酵，可是一旦超過10％，就會開始妨礙發酵，麵團膨脹的狀況因而變差。有鑑於此，麵團當中的糖分為7～25％的話，便使用甜點麵包專用酵母（耐糖性麵包酵母），30％以上則使用高糖酵母。

column❹ —— 世界與日本的砂糖經濟

砂糖為何擁有促進麵包等酵母麵團發酵的作用，原理如上述所示。那麼，如果使用的是含蜜糖又會如何？由於含蜜糖的甜味只有上白糖的8成左右，甜味比較弱，但這樣就已經足夠凸顯麵粉，以及甜麵包或鹹麵包內部填料的味道了。此外，由於含蜜糖包含許多水分，能讓烤好後的麵團保持濕潤，就算把早上烤好的麵包陳列到傍晚，表面也不會變得太乾燥。如果手上的食譜使用的是上白糖，想改用含蜜糖的話，可以先用同等分量置換，之後再進行微調即可。加工黑糖的味道怎麼樣都比較強烈，而素焚糖的使用感覺差不多跟上白糖一樣。

協助／カーラアウレリア大丸東京店　藤枝敏郎經理

⑥果膠凝膠化 形

果醬是利用砂糖的作用，讓水果當中所含的一種水溶性食物纖維果膠變得像網子一樣結合在一起（凝膠化）所製成的。由於果膠凝膠化需要適量的酸（例如檸檬酸）和60～65％的糖度，所以如果只用新鮮水果製作果醬，便需要加入大量砂糖。另一方面，如果想做低糖度果醬，則需要搭配遇鈣即凝固的特殊果膠。

⑦塑型效果 形

若是在少量的水當中加入砂糖熬煮，隨著溫度上升，原本清爽的糖漿開始漸漸濃稠，最後變成堅硬的糖果狀等，砂糖具有轉變成各種型態的特性。此外，若是改變麵粉麵團裡的砂糖量，就可以調整麵團的硬度和黏度。如此，在進行烹調或食品加工的時候，透過添加砂糖來改變食物的物理特性，這個現象稱為「砂糖的塑型效果」。

參考文獻
農林水產省　http://www.maff.go.jp/j/fs/diet/nutrition
公益財團法人 母子健康協會　http://www.glico.co.jp
科學砂糖會「砂糖是大腦的優質能量」　http://www.sugar.or.jp
獨立行政法人 農畜產業振興機構　http://sugar.alic.go.jp

希望大家放下「這是日式點心材料」的成見，盡量使用

横田秀夫 [菓子工房オークウッド]

▶ P35、59、65、75、82

雖然平常總是分開使用不同種類的砂糖，但過去很少使用含蜜糖，儘管它近在咫尺。可能是因為「這是日式點心材料」的印象太深的緣故吧。不過含蜜糖的甜味和西式甜點其實也非常契合。尤其是素焚糖，可說是和任何素材都能搭配的萬能砂糖。

菓子工房オークウッド　埼玉県春日部市八丁目966-51　☎048-760-0357
http://oakwood.co.jp

含蜜糖擁有深奧的滋味，是非常有趣的材料

中野慎太郎 [シンフラ]

▶ P22、27、41、53、77、78、79

由於原本就在餐廳擔任甜點師，所以一直都是將許多部件堆疊起來，像是建構一盤甜點似地組合甜食。若是透過這些部件，讓多種含蜜糖互相重合或是分別突出，就能讓甜味當中出現複雜味和深度，產生令人印象深刻的餘韻。

シンフラ　埼玉県志木市幸町3-4-50　☎048-485-9841
http://www.shinfula.com

即使跟所有糖類比較，含蜜糖也擁有巨大的能量

荒木浩一郎 [スイーツワンダーランド アラキ]

▶ P29、31、50、58、61、63

我想製作一吃下去身體就會感到舒適，而且味道又美味的甜點。為此，含有大量礦物質的含蜜糖就是一種擁有巨大能量的食品材料。雖然現在所有食材都是一邊考慮礦物質等營養成分一邊加以選擇，不過含蜜糖仍然是重要首選。

スイーツワンダーランド アラキ　東京都板橋区蓮根2-29-6 蓮根ビル1F　☎03-6454-9401
http://www.happy-lucky-sweets.jp

我喜歡含蜜糖特有的溫和甜味

西園誠一郎 [Seiichiro, NISHIZONO]

▶ P25、36、40、46、55、70

從好幾年前就開始使用黑糖製作小蛋糕或餅乾，「黑糖」這兩個字帶給了客人「很好吃」「很健康」的良好印象。味道給人的感覺相當濃厚，不過實際上是滋味豐富，帶有圓潤感和穩重感的甜味，讓甜點轉變成溫和的感覺。

Seiichiro, NISHIZONO　大阪府大阪市西区京町堀1-12-25　☎06-6136-7771
http://www.seiichiro-nishizono.com

一旦習慣含蜜糖的美味，就無法滿足於白砂糖的甜點了

指籏 誠 [ノインシュプラーデン]

▶ P9、10、11、12、13、14、45

即使是吃進口中時不會察覺「啊，這有用含蜜糖」的使用方式，只要吃習慣了含蜜糖甜點，就會開始覺得白砂糖製作的甜點味道不夠厚重，感覺似乎少了些什麼。味道明明如此高雅，卻又如此深奧沁人。這就是含蜜糖的魅力。

ノイン・シュプラーデン　神奈川県横浜市青葉区柿の木台13-3 ファミールもえぎ野101　☎045－972-6439
http://www.9-schubladen.com

不論糖果餅乾或蛋糕，通通都很搭

井上佳哉 [ピュイサンス]

▶ P47、71、72

含蜜糖單獨吃的味道衝擊性很強，不過若是混進麵糊或是加以烘烤，風味就會變得出乎意料地柔和。不過身為一個法式甜點的甜點師，加工黑糖和黑糖蜜仍然是使用太多就會偏向日式印象的材料，所以搭配的比例平衡很重要。

ピュイサンス　神奈川県横浜市青葉区みたけ台31-29　☎045-971-3770
http://www.puissance.jp

含蜜糖風味柔和，非常美味

菅又亮輔 [Ryoura]

▶ P17、21、30、37、49、57、69

含蜜糖的味道真的太棒了。唯一需要克服的，就只有它和長久以來用慣的白色砂糖之間不同的物理特性。例如含蜜糖含有許多水分，所以烘烤麵糊類點心的時候要稍微加強火力，排除水分，以避免烤好後塌陷等，我覺得自己有必要一邊累積經驗一邊習慣使用含蜜糖。

Ryoura　東京都世田谷区用賀4-29-5 グリーンヒルズ用賀ST1F　☎03-6447-9406
http://www.ryoura.com

含蜜糖單獨吃就很好吃，直接的使用方式最好

菊地賢一 [レザネフォール]

▶ P18、19、51、54、69

我希望大家能直接品嘗含蜜糖的鮮味、濃醇和具有圓潤感的甜味。雖然做成小蛋糕之類糕點的一個部件也不錯，不過也想採取更簡單的方式，例如在最後完工時大量裹上含蜜糖，藉此直接感受它的存在。

レザネフォール　東京都渋谷区恵比寿西1-21-3　☎03-6455-0141
http://lesanneesfolles.jp

企劃協助

大東製糖株式會社
http://daitoseito.co.jp

成立於1952年，少數同時生產精製糖與含蜜糖的製糖公司。在含蜜糖領域中是首屈一指的製造商，招牌商品「素焚糖」廣為社會大眾所知。將拓展砂糖的可能性視為未來展望，持續開發全新的砂糖以及用途。

TITLE

八大烘焙師專業配方　含蜜糖甜點

STAFF

出版	瑞昇文化事業股份有限公司
作者	柴田書店
譯者	江宓蓁
總編輯	郭湘齡
文字編輯	徐承義　蕭妤秦　張聿雯
美術編輯	許菩真
排版	執筆者設計工作室
製版	印研科技有限公司
印刷	龍岡數位文化股份有限公司
法律顧問	立勤國際法律事務所　黃沛聲律師
戶名	瑞昇文化事業股份有限公司
劃撥帳號	19598343
地址	新北市中和區景平路464巷2弄1-4號
電話	(02)2945-3191
傳真	(02)2945-3190
網址	www.rising-books.com.tw
Mail	deepblue@rising-books.com.tw
初版日期	2020年4月
定價	380元

ORIGINAL JAPANESE EDITION STAFF

編集	横山せつ子
撮影	海老原俊之
デザイン	筒井英子

國家圖書館出版品預行編目資料

八大烘焙師專業配方：含蜜糖甜點 / 柴田書店作；江宓蓁譯. -- 初版. -- 新北市：瑞昇文化, 2020.04
104面；18.2 X 25.7公分
譯自：含蜜糖で味わい深く 個性派シュガーのお菓子
ISBN 978-986-401-411-8(平裝)

1.點心食譜

427.16　　109003398

瑞昇文化
ISBN 978-986-401-411-8
00380
9 789864 014118
FE074
NT$ 380